终于放假啦！爸爸要带着小慢和小依回老家度假。虽然已经好多年没有回去，但是小慢还记得，那里绿树成荫，一条小河曲曲折折地绕过老宅，顺着河还可以跑去山上疯玩。屋子里有好大一个书架，玩累了以后，在家里舒舒服服地洗个澡、看看书，听爸爸讲个故事。他曾经在那里度过了一个最棒的假期。可是，眼前的院子怎么比记忆中小了许多？

儿子，那是因为你长大了。爸爸小时候藏的宝贝到现在还没找到呢。

小慢承认，爸爸说的没错，的确是因为自己长大了，自己眼中的院子才变小了。房间里那个大大的书架还是老样子，最底层的格子里还放着他以前读过的书，不过长时间没人翻动，书本上都蒙了一层灰。

第一次回来的小依却非常兴奋，这一切都那么新奇。爸爸一声令下，她立刻开始打扫，左擦擦，右擦擦，书架底下再擦擦。咦？这是个什么东西？

会讲故事的建筑

李一慢 著

初冬伊 彭程远 绘

广西科学技术出版社

图书在版编目（CIP）数据

会讲故事的建筑/李一慢著；初冬伊，彭程远绘. —南宁：广西科学技术出版社，2022.5
ISBN 978-7-5551-1301-0

Ⅰ.①会… Ⅱ.①李… ②初… ③彭… Ⅲ.①古建筑—建筑艺术—中国—儿童读物 Ⅳ.①TU-092.2

中国版本图书馆CIP数据核字（2022）第040914号

HUI JIANGGUSHI DE JIANZHU

会讲故事的建筑

李一慢 著　　初冬伊　彭程远　绘

策划编辑：蒋 伟　王滟明　付迎亚	责任编辑：付迎亚
责任印制：高定军	责任校对：张思雯
书籍装帧：初冬伊　于 是	营销编辑：芦 岩　曹红宝
封面设计：古涧千溪	内文排版：孙晓波
发　行：靳艳平	

出版人：卢培钊　　　　　　　　　　　　　出版发行：广西科学技术出版社
社　　址：广西南宁市东葛路66号　　　　　邮政编码：530023
电　　话：010-58263266-804（北京）　　 0771-5845660（南宁）
传　　真：0771-5878485（南宁）
经　　销：全国各地新华书店
印　　刷：雅迪云印（天津）科技有限公司　邮政编码：301510
地　　址：天津市宁河区现代产业区健捷路5号
开　　本：889mm×1194mm　1/12
印　　张：8⅔　　　　　　　　　　　　　　字　　数：100千字
版　　次：2022年5月第1版　　　　　　　　印　　次：2022年5月第1次印刷
书　　号：ISBN 978-7-5551-1301-0
定　　价：168.00元

我是一名火车司机，随着火车走遍了祖国的大江南北。这片土地保存了太多宝贵的财富，遗存下来的古建筑就让我大开眼界，许多与家乡的四合院完全不同。真恨不得多生两双眼睛，把所有珍贵的东西都看个遍。哦，对了，我得把看到的这些都记录下来，好记性比不上烂笔头。

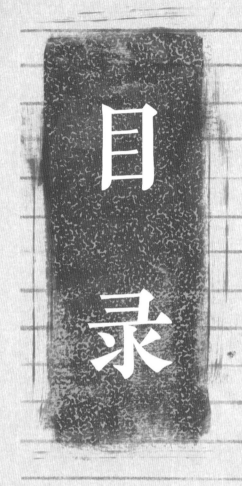

目录

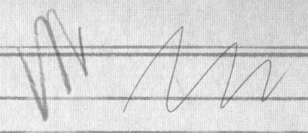

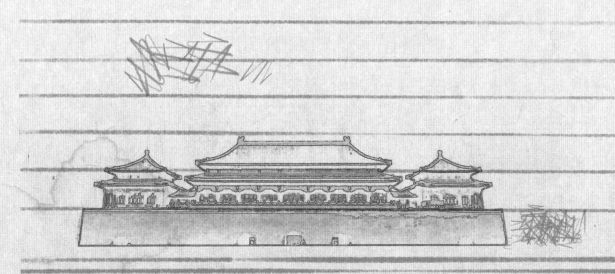

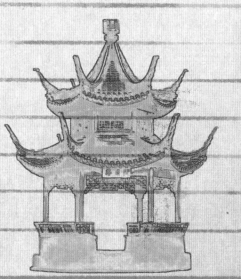

爷爷的笔记密密麻麻，上面还有很多他做的图解，看起来确实很神秘。

时间久远，有些内容已经变得模糊，难以辨认……

建筑是人们居住、工作、娱乐的地方，还寄托了人们的审美和理想。

中国建筑有无穷无尽的魅力，看懂了建筑，也就看懂了我们的中国文化。爷爷在笔记中画了各种各样的线路，然后按照不同的用途和规则，将建筑分成了城池、宗庙、祠堂、鼓楼、楼阁、园林、民居、官府、实用建筑等类型，就像把留在中国大地上的各种古建筑连成一条条线，清晰明了。

小依和小慢都被勾起了好奇心，这是个绝好的机会，一起去了解我们伟大的传统建筑。

城池

官府

楼阁

祠堂

宗庙

鼓楼

园林

民居

孩子们，出发，我们都是"读行侠"！

就是读书、旅行都很厉害的人。

独行？虾？

长安城——方正有序的繁华古都

第一站是西安（古称长安）。爷爷在笔记上详细地标注了唐代长安城和现代西安的对照。只见旁边还写着"四面围合"4个字。

长安曾是汉、隋、唐等十余个王朝的都城，也是丝绸之路的起点。如今它的名字叫西安。唐朝的长安城是国际大都市，当时人口就已达百万。世界各地的人都来到这里交流。

语文故事

诗人笔下的长安

长安一片月，万户捣衣声。
秋风吹不尽，总是玉关情。
——唐·李白《子夜吴歌·秋歌》

昔日龌龊不足夸，今朝放荡思无涯。
春风得意马蹄疾，一日看尽长安花。
——唐·孟郊《登科后》

朱雀大街

整个城市体现了中轴线对称的布局。唐朝称为天门街，是长安的南北向中轴大街。

长安城中月光如水，秋风刚起，千家万户便传来捣衣声。这是妻子们在为远在关外边疆的丈夫准备冬衣，绵绵密密都是思念。这首诗虽然没有直接写战乱的情景，但是对秋风中明月照长安的描写，已经传达出百姓离散两地，期盼早日团圆的愿望。

孟郊曾两次落第，年近五十才高中进士。他兴致高涨，写下了《登科后》这首诗。昔日的困窘生活已经不值一提，如今看尽长安风华。从此以后，人们会用"春风得意"形容事情顺利、心情舒畅的状态，"走马观花"也是我们现在常用的成语。

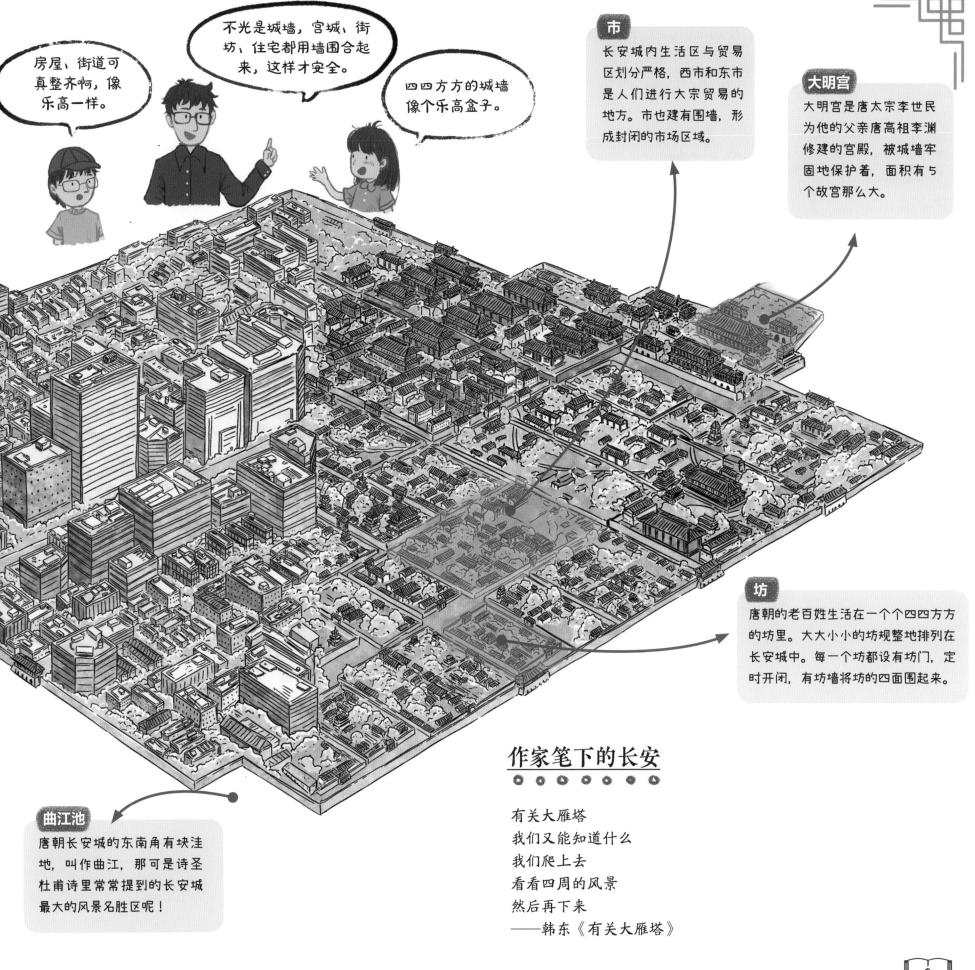

作家笔下的长安

有关大雁塔
我们又能知道什么
我们爬上去
看看四周的风景
然后再下来
——韩东《有关大雁塔》

历史故事 西安古城的历史

曾经有13个王朝在西安建都，
下面3个王朝是其中非常有名的：

西周 秦 西汉 王莽建立的新朝 东汉 西晋 前赵 前秦 后秦 西魏 北周 隋 唐

1 2 3 4 5 6 7 8 9 10 11 12 13

时间跨度 1200 年左右

秦始皇

汉武帝

唐太宗

1. 中国第一个帝国
——秦曾设长安邑

战国时期，秦国在这里设置长安邑。公元前 221 年，秦王嬴政统一六国，建立秦朝，这是中国历史上第一个中央集权君主专制的统一王朝。

2. 亚洲当时最富强的多民族国家
——西汉建都在西安

延续了约 210 年的西汉，国都长安就在现在西安市的西北。在西汉时，长安城里有专为外国人设的居所。

3. 璀璨绚丽的王朝
——唐建都在西安

唐代前期国势强盛，贞观之治与开元盛世在中国历史上留下了浓墨重彩的一笔。中国封建社会在这时达到了鼎盛。

光化门 景曜门 芳林门 玄武门 左德门 兴安门 建福门

大明宫

皇帝住的地方

太极宫

丹凤门 望仙门 延政门

开远门

皇城

通化门

兴庆宫

官员处理国事的地方

金光门

春明门

西市

东市

商业区
（一般交易国内的货物）

延平门

朱雀街

延兴门

芙蓉苑

安化门 明德门 启夏门 曲江池

长安城最大的风景名胜区

商业区
（一般交易国外的货物）

西安古城的建筑特色

1. 方正有序的大街小巷

　　唐长安城规划极为齐整，城市由道路划分为 108 坊，另外有东、西两市。

2. "封闭小区式"的规矩管理

　　"里坊"最初是城市用地的划分单位，由城市干道划分而成，大小并不完全相同，四周修筑坊墙，设置有坊门，定时开闭。到宋朝与元朝时，里坊已经演变成了一种行政管理单位。里坊的划分对中国古代城市用地布局和方格道路系统的形成有很大影响，现在的一些城市里，还可以看到里坊制的痕迹。

客栈

中轴线——城市的主动脉

笔记第二页看得兄妹俩眼花。长长的中轴线两侧密密麻麻地排布着蚂蚁大小的建筑，真像一幅微缩地图。

建筑家梁思成曾说："就全局之平面布置论，清宫及北平城之布置最可注意者，为正中之南北中轴线。自永定门、正阳门，穿皇城、紫禁城，而北至鼓楼，在长逾七公里半之中轴线上……其布局尤为谨严，为天下无双之壮观。"

梁思成

先农坛和天坛：在内城中轴线南端的两侧，分别设置有天坛和先农坛，但在中轴路上，除了永定门，能见到的仅有坛墙。

中国公路零公里点：正阳门前有一个中国公路零公里点，是中国公路起点的标识。以古代表征方向的四方神青龙、白虎、朱雀、玄武分别代表东、西、南、北四个方向，呈放射状、类似车轮的图案代表以首都为中心的四通八达的中国公路网。

先农坛

社稷坛

1　　　　**2**　　　　**3**　　　　**4**

南

天坛

中国公路零公里点

太庙

社稷坛和太庙：在皇城南部轴线的两侧对称设立太庙和社稷坛，这是我国古代国都建设中"左祖右社"规制的体现。

导读手册

会讲故事的建筑

李一慢 著　初冬伊　彭程远 绘

广西科学技术出版社 ｜ 小秀美童书馆

给孩子播下一颗传统文化的种子

青少年博物馆教育推广人 / 耳朵里的博物馆创始人
北京郭守敬纪念馆执行馆长·朋朋哥哥

一慢老师是一个在育儿和阅读方面都颇有心得的好爸爸。他在阅读推广领域出发较早且成绩显著，影响了不知多少万个家庭和孩子，是北京阅读季首届金牌阅读推广人，获得的其他荣誉无数。我在这里不是想夸耀他的成绩，而是想说明，他因用心且勤奋，才获得了大家的认可，我们要看到这份令人敬佩的"初心"。

很多认识我们的朋友，都说我和一慢老师长得有那么几分像。当然，在我看来，相似的不仅是样子，还有对游学这件事情的执着。只不过，他是在亲子育儿中践行了游学的一个远大设想，而我是在博物馆教育方面为更多家庭提供了游学的帮助和指导。我之前知道的是，一慢老师毕业于师范类院校，从事教育、出版、阅读相关行业，有一对可爱的儿女；但不知道的是，他的父亲是铁路工作者，也是一个用心的游历者。或许正是基于这样的家庭氛围和传承，一慢老师的育儿游学实践才如此生动，也才有了这本书。

明代著名哲学家王阳明曾提出"知行合一"的观点，董其昌在这个基础上提出了"读万卷书，行万里路"的说法，徐霞客通过游历将其做了实例解读。一慢老师在书里调侃自己一家子是"读行侠"，这个名号实在当得。他在过去的十余年里，经常利用周末和节假日，带着孩子去各地，左手拿书，右手拿笔，将阅读和游访有机结合，走过了诸多名山大川、名胜古迹，还观察、记录了这一过程，并将成长与学习心得整理、萃取，以期给身边的人更多的启发。在很多不同规模的阅读推广活动中，我也常会和家长们说到，要学会在阅读中行走，也要学会在行走中阅读，一慢老师比我更有实践上的发言权。

做了如此多的铺垫，让我们回到一慢老师的这本书上吧。书的名字叫《会讲故事的建筑》，我非常喜欢。建筑并不是冷冰冰的，而是有生命的，有规划它的人、设计它的人、建造它的人，砖瓦梁架都有着人的痕迹和温度。这本书让这些古建筑真的"活"起来。尤其是那些著名的古代建筑，就像一个个饱经沧桑的老人，向前来游历的后人无声地诉说着那些精彩的过往。

整本书以"爷爷"的游历笔记为线索，将"爸爸"和"小依"与"小慢"的行程规划出来，有寻根的意味。且这种寻根是双重的：既是寻找中国古代建筑、中国传统文化的根，也是在重访爷爷走过的路、寻找爷爷的足迹。这是古今之间的对话，也是亲情之间的对话。字里行间，读者能感受到作者对父辈的爱念，也能感受到作者对后辈的期许，这是一个洋溢着温情的家庭。

"爷爷"的笔记主导了本书的结构和知识点，细看起来，科普的成分相对更重一些。书中将古建筑中的城市规划、祠庙、楼阁、皇家园林、民居、官府等分门别类地做了介绍，也对古代重要工程建筑做了特别研究，如桥梁、关隘、道路和水利工程等。几乎所有知识点都有纵向和横向的分析比对，有助于小读者对古建筑建立起框架性认知。每个知识点的字并不多，都表述得扼要精当，不失偏颇，很见功力。要知道，书中的几乎每个建筑都可以大书特书，有单独成册的坚实基础，想来这也得益于一慢老师这么多年带领孩子坚持的游学经历。

不可思议的远古生物

见证 38 亿年生命史，探寻中国恐龙、鱼类故事

　　套装共 2 册，包含 5 亿多年时光中陆续登上生命舞台的 18 种不可思议的古鱼类和亿万年时光中陆续出现在中国大地上的 20 余种恐龙，融合生物、地理、人文、生命、科学等百科知识，带领小读者们了解中国大地的生命故事，关注国内古生物研究，并点燃小读者对科学探索的热情，呼唤小读者未来能更多地投身到科学研究中！

培养具有绅士品格的阳光男孩

男孩的冒险书（少儿绘图版）

　　这是一套包含了游戏、实验、手工、人文知识、经典故事和精美绘图的男孩宝典，教会男孩把平淡无奇的事情办得有声有色，把司空见惯的材料变成意想不到的作品，把失败后的负面情绪转化成幽默，把成功时的得意和满足拿出来与人分享，成长为真正的男子汉。

来这里找我们吧！

去博物馆

走进华夏历史，触摸东方脉搏

手绘"博物馆妈妈"与女儿的101次世界博物馆之旅。从中国到日本，40+ 博物馆建筑、110+ 珍宝藏品、230+ 百科知识、30+ 博物馆"大怪兽"！《博物》总监、"少年得到"总编、《三联生活周刊》主笔点赞！

去旅行系列大家庭

深度知识体系的人文地理百科书

人文知识 | 语文诗词 | 历史典故 | 地理常识

英国
美国
德国
意大利
西班牙
日本

俄罗斯
印度
挪威
葡萄牙
摩洛哥
塞内加尔

贵阳
重庆
苏州

北京
杭州
哈尔滨
广州
成都
西安

去旅行
跟我游南京

建筑奇迹 | 风土人情 | 饮食文化 | 方言精髓

"去旅行"系列由中法合作，以不同国家和城市的日常生活为切入点，介绍英国、德国、日本、印度、葡萄牙等12个国家，及北京、广州、贵阳、重庆等国内15个城市，内容涵盖文化、生活、教育等方方面面，是一套绝佳的综合性儿童知识百科书。

从一个博物馆教育实践者的角度，我认为书中设计的游学路线也是很值得参考的。这些路线应该都是作者一家游学经历的沉淀、优化，能看出其中的历史发展逻辑，通常可以把古建筑的某一个主题，以小切口的方式较为深入地做一番探讨，平实而生动，更有亮点和启迪。如果读完这本书，孩子和家长对某一主题、某一路线产生了游学的冲动，我不会感到意外，这正是这本书的魅力所在。

前面说了，一慢老师是教育工作者出身，在游历时不忘与亲子阅读和书本学习产生关联，这在本书中也有所体现。书中每个主题几乎都有相关的历史故事与语文故事，这是对知识点的有益补充。这些补充与当前的中小学教育息息相关，可以理解为很多家长朋友们认识的"大语文"。但如果只是理解为"大语文"，就有些狭隘了。这些内容丰富了游历体验，让游历的过程变得不只是跑断腿、磨破嘴，而是用心与古人对话，达成一种精神上的共鸣，因而也更具质感，益于身心。当然，说实话，这对学好语文也必然有很大助力。

当前，站在新的历史坐标上，"让古代文物说话，让文化遗产说话"，为的是培好我们的根，筑牢我们的魂。书中集中介绍的古建筑就是文物的一大类别，以独有的形态承载了历史的厚重。一慢老师让这些古建筑不仅讲了话，还讲得引人入胜，我深信一定会对小读者产生非常积极的影响。这种影响很可能是立竿见影的，但更会是潜移默化的，是持续的。

读好书，给孩子播下一颗传统文化的种子，静待它生根发芽。认识中国古代建筑，不妨从这本书开始。

家庭教育是教育的起点。一慢老师是个成功的"阅读爸爸"，他从很早起就注重带着孩子读万卷书，行万里路，在亲子阅读和亲子研学实践中感受历史和文化的温度，培养孩子的审美。他的两个孩子都十分优秀，这也证明了深度游学是一种先进的教育方式。《会讲故事的建筑》是一慢老师一家数年来游学经验的总结化用，用建筑这个主题穿起了孩子应当了解的中国历史和文化，深挖建筑中蕴含的古老智慧，在游历和体验中学习，有趣而浪漫。这本书同样注重文化的传承：一家人跟着"爷爷"的笔记，重走"爷爷"当年走过的路，这是一种传承；在古建筑中领略古老文明的璀璨和活力，也是一种传承。我希望见到更多这样优秀的作品，用我们的孩子喜欢的方式讲述博大精深的中国文化。

——悠贝创始人、亲子阅读专家

林丹

小秀美童书馆

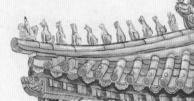

我们秉持"给中国孩子全球最棒的科普书"的出版理念，致力于提供优秀、有创意、有启发的儿童科普作品。我们的作品获得的荣誉有：

年度教师推荐的十大童书 /40 年中国最有影响力的 400 本科学科普书/ 中国科技部推荐全国优秀科普作品 / 新闻出版总署推荐的百种优秀图书/ 全国最美绘本 / 中国童书榜最佳童书 / 文津图书奖 / 桂冠童书奖

思考的魅力（收藏版 29 册）

29 堂人生课让孩子学会独立思考

欧洲 20 所高等学府哲学教研团队，潜心 10 年创作，29 个分册分别涵盖了诚实、守信、正直、责任、友情、尊重、善良等 29 个主题内容，给孩子们呈现了 29 堂图文并茂、生动深刻的人生启蒙课，培养孩子好的灵性和德行！

这就是中国铁路

讲述"中国力量"与"中国智慧"

中国铁道博物馆写给孩子的科普绘本！从没有一寸铁路，到世界高铁里程最长，"中国速度"不断刷新、惊艳世界。一本书串联起中国铁路发展脉络，讲述"中国力量"与"中国智慧"背后的故事！

《会讲故事的建筑》是一部知识量大、故事性强、画面精美、制作精良的作品。字里行间既有中华几千年历史文化的厚重感，又洋溢着强烈的文化自信。读了这部作品我才知道，作者李一慢老师不仅是金牌阅读推广人，也是讲故事的高手。让我们跟随故事中的人物，共同开启中国古建筑的探索之旅。

——北京景山学校正高级语文教师、北京市特级教师

周群

在中国，每一座古建筑，其实都是一部真实、立体的人文百科书。透过它，我们可以了解历史，了解我们的民族，了解我们的文化传承以及风物习俗。建筑是人类居住、生活、工作和娱乐的载体，无论阶级，自古如是。我们会惊叹于很多古代建筑造型的奇特雄伟，也会叹服于建筑承载的厚重历史。这本书恰好就将此二者极好地融和，展现了古建筑的全貌。

——中国国家地理《博物》杂志品牌总监

郭亦城

作者简介

李一慢

    慢学堂创办人、深耕阅读研究院院长、新教育实验学术委员、"书香中国·北京阅读季"首届金牌阅读推广人、北京市科普阅读导师，也是被中央电视台专题报道过的阅读推广人。擅长阅读教育和研究，提出"阅读联结五策略"，有效提高孩子的读、思、写能力。

"一慢二看"由育有一儿一女的幸福老爸、新教育实验学术委员、深耕阅读研究院院长、慢学堂创办人、爱阅团发起人、教育专栏作者李一慢发布其原创文章。

中国城市轴线与西方城市轴线的区别

	中国城市	西方城市
布局	整座城市沿中轴线对称分布	城市沿着不同的轴线对称布局
位置	城市中央	位置不统一，通常是由许多条轴线共同组成
方向	由北向南延伸，通常由宫城和主干道组成	没有固定的方向，通常由道路和开阔空间组成
功能	象征王权，强调等级秩序和礼仪规范	划分城市居民公共生活的空间

德胜门箭楼　地坛

钟鼓楼

中轴线

月坛　内　城　日坛

紫禁城

社稷坛　太庙

长安街　天安门

内城东南角楼

正阳门

外　城

天坛

先农坛

永定门

外城东南角楼

永定门外

皇城：忽必烈在金代皇宫的废墟上修建了元大都，确定了北京的中心点和中轴线。

宫城：在轴线设计方面，宫城以南修建了大清门、正阳门和千步廊，延续了南面的轴线；宫城北面则以景山作为轴线的端点。

钟鼓楼

北

紫禁城

钟鼓楼：元代以后，在轴线北端设立了钟楼和鼓楼，以市民商业活动的空间作为轴线的结束。现在，鸟巢和水立方等新建筑也成为中轴线的构成要素。

城池——伟大的建筑从伟大的设计开始

历史悠久的中华大地上，有许多古老城镇保存着丰富的文物，它们有的提醒我们不要忘记璀璨的历史文化，有的包含着深厚的文化底蕴，被称作"历史文化名城"，是我国历史文化遗产的重要组成部分。目前已经有100多座城市被列入"国家级历史文化名城"名录啦，北京、开封、西安等都在此列。

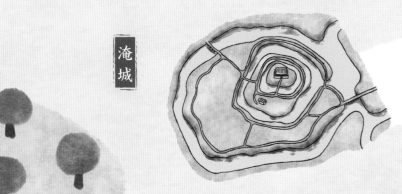

淹城

【第一站】最古老的城池：淹城

约 2700 年前春秋晚期城池遗址，位于今江苏省常州市，依水筑城，以水护城的最早样本。

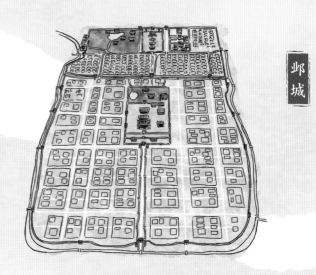

邺城

【第二站】古代都城样本：邺城

第一次体现了"先规划、后建设"城市建设理念的三国名都，对后来长安、洛阳等古城建设有很深影响，甚至影响了日本、韩国等东亚国家古都的建设。遗址主体位于今河北省邯郸市。

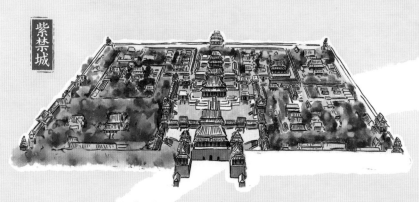

紫禁城

【第三站】充分利用资源，实用为上：紫禁城

　　紫禁城充分利用了元大都的旧城和北京的有利地形，合理规划和建设，是城市建设的典范。

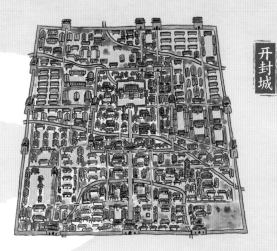

开封城

【第四站】古代商业区开创者：开封城

　　宋都东京（今开封）居住区和商业区不再分开，大街小巷都能找到卖东西的商铺，看《清明上河图》就知道了。开封还是世界上唯一一座城市中轴线从未变动过的城市，在这里，你会看到6座城池上下叠压的奇观。

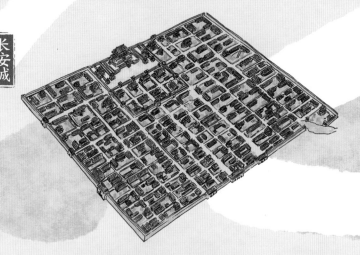

长安城

【第五站】规整的里坊制：长安城

　　繁华热闹的唐长安城实行严格的里坊制度，居住区和商业区分开，是李白、杜甫等人向往的"仙乡"。

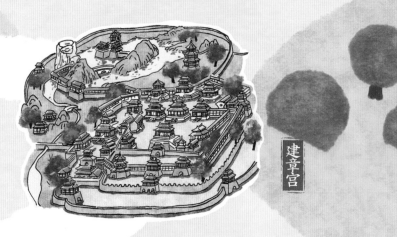

建章宫

【第六站】水系宫城：建章宫

　　"以池为海，一池三山"影响后世帝王宫苑建造2000余年。

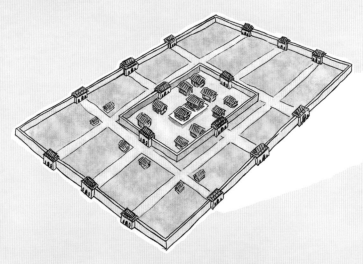

周王城

【第七站】第一次应用中轴线：周王城

　　5000年来首次制定"天子之都"的标准：按照中轴线建设，皇城要在城市正中。

爷爷的笔记

淹城、周王城、建章宫，可惜它们都只剩下传说了。

幸好我们还有西安——这座保存最完整的古城。

中国古代名城的魅力

1. 国内最古老的城池

淹城是国内最古老的城池，距今约 2700 年，现今遗址在江苏省常州市。

2. 世界独一的建筑形制

"三城三河"的建筑形制世界独一。淹城有三道城河、三道城墙，出入都需要通过水门，简直像个迷宫。

对外交通都
要通过水门

水门　内城墙　水门
子城
内城河
外城墙
外城河

淹城结构示意图　　　淹城内城复原图

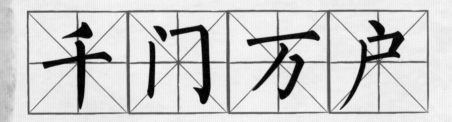

语文故事

千门万户

千门万户

司马迁的《史记》中记载，西汉时期，汉武帝的柏梁殿发生了火灾。他听从群臣的建议，建造了建章宫，宫内设置了千门万户，气势非常宏伟。"千门万户"一词用来形容房屋很大或住户很多。

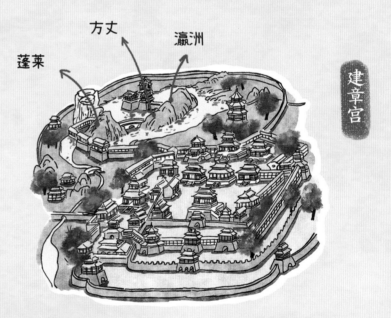

方丈　瀛洲
蓬莱

建章宫

一池三山

据说，浩瀚的东海上有三座仙山，名为"蓬莱""方丈""瀛洲"，山上住着长生不老的神仙。于是，秦始皇就命方士徐福去东海求长生不老药，当然没有成功。而汉武帝也做起长生不老梦，派人挖了一个大水池，水上建了三座假山，以"蓬莱""方丈""瀛洲"命名。此后，历代皇帝都喜欢效仿"一池三山"形式来建造皇家宫苑。

商业都城开封

　　开封曾是北宋、金等多个朝代的都城，位于黄河下游平原，地处隋代大运河的中枢，水陆交通非常便利。著名的《清明上河图》就生动记录了开封（当时称东京）的城市面貌。可惜历史上开封多次遭受黄河水患，造成环境恶化，原来的城市衰落，古代都城的面貌已不再。

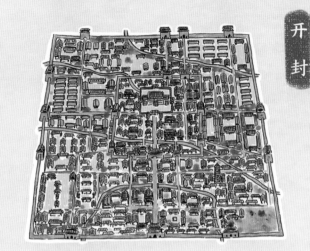

开封

名画《清明上河图》

　　《清明上河图》是中国十大传世名画之一，也被称为我国宋代的小百科全书。这幅画是宋代画家张择端的作品，是一幅表现北宋都城和汴河两岸清明时节风俗世情的长卷，描绘了数量众多的人物、牲畜、大小船只、楼宇房屋……

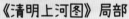
《清明上河图》局部

我是测风仪——在一根木杆顶头的十字木架上，安装一个鸟形物件。想知道今天刮的是什么风，就看看我的头朝哪儿。

　　《清明上河图》中有一个很特别的招牌——十千脚店。它的样式类似于今天的"灯箱广告"，用蜡烛在内照明，大力推广和宣传自家店铺。"脚店"可不是修脚的店，而是供客人歇脚的小客店。

　　画卷里竟然出现了"外卖小哥"繁忙的身影。他一手托碗，一手拿筷，准备送餐，一看业务就很熟练。

西安——一颗被重重保护的大国"心脏"

小慢拿着相机，对着西安城墙拍个不停，嘴里还不停念叨着"五位一体防御体系"。那是爷爷笔记上提到的，凭着这套防御系统，这座城池才能抵御一次次战火。

角楼——最佳侦察所

角楼建在角台上，起瞭望和防御城内外的作用。故宫的角楼也是如此，现在成了故宫最美景点之一了。

箭楼是城墙中最高的部分，弓箭手从箭楼的窗口射箭，城下的士兵很难抵挡。

这就是门钉的防火妙用了。古人会在战争时往城门上涂泥，这些门钉就是用来固定泥巴的。门钉越厚，能涂的泥巴就越厚，一般的火攻也就失去了效果。

爸爸，我看电影里士兵都是用大木头撞城门。城门是木头的，他们为什么不直接用火烧？

终于到了，西安可真大！这里是瓮城，那个是护城河、闸楼、箭楼、正门……

西安城墙高度为 12 米,厚度底部有 18 米,顶部也有 15 米,是这座城市最主要的安全防线,敦实稳固如山。厚厚的城墙系统还设有不少仓库,可以囤积粮食和武器,遇到战争,只要死死守住城墙,储备的东西维持几个月的生活是没问题的。

马面——安检无死角

西安城墙高大的墙体外侧,每隔一定距离就会有凸出于墙体的平台,因外观狭长如马面而俗称"马面",也称敌台、墩台、墙台。设置马面是为了与城墙互为作用,消除城下死角。

门钉——加固大门的妙招

除了防火攻,门钉也是加固大门的重要手段。大门通常是用几块板子拼起来的,用门钉加固可以避免散落。

瓮城是用来保护正门的。敌人进入瓮城里,空间狭小,加上箭楼的射击,很难继续进攻。"瓮中捉鳖"就是这个意思。

女儿墙——古代的安全栅栏

女儿墙是房屋外墙高出屋面的矮墙,有防护作用。城墙上这些凹凸形的女儿墙是一道安全栅栏,没有战事的时候,士兵们常常在城墙上操练,女儿墙可以防止士兵往来时不小心跌下城墙。

护城河静静地环绕着城墙,这是西安城的第一道防线。

宗庙与祠堂——祈盼神灵与祖先的祝福

太庙

【第一站】最高级别的家庙：太庙

600 年前，太庙是明清两代皇帝祭奠祖先的家庙，是比紫禁城还要神秘的地方，位于北京市核心区。

屈子祠

【第二站】屈原纪念地：屈子祠

2000 多年前，屈原深感理想无法实现，又无力挽救楚国的危亡，于是投汨罗江而死，后人在他的家乡湖北建立了屈子祠纪念他。

藏山祠

【第三站】典型的辽金建筑风格：藏山祠

　　山西盂县的藏山祠是"赵氏孤儿"的故事发生的地方。这里运用了减柱法增加室内的空间。

陈家祠

【第四站】装饰甲天下：陈家祠

　　广州陈家祠也叫陈氏书院，它的装饰是岭南地区最精美的，在国内也是一绝。陈家祠共有11条陶瓷脊饰，内容丰富，人物众多。

武侯祠

【第五站】减去天花板增加空间：成都武侯祠

　　成都武侯祠是最著名的诸葛亮纪念地，也是国内唯一一座君臣合祀的祠庙。为了增大室内的空间，武侯祠里没有设天花板，可以直接看到梁柱。

晋祠

【第六站】拥有"最古老的立交桥"：晋祠

　　太原晋祠是祭祀晋国开国君主唐叔虞的地方，又称"唐叔虞祠"。圣母殿前的鱼沼飞梁整个梁架都是宋代的遗物。

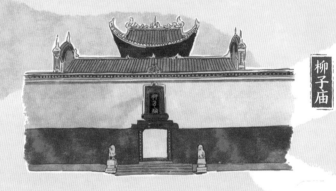

柳子庙

【第七站】三绝碑名传天下：柳子庙

　　北宋仁宗至和三年（1056年），永州人民为纪念唐宋八大家之一的柳宗元而在永州筑建柳子庙。

扁鹊庙

【第八站】宗教与建筑完美融合：扁鹊庙

　　扁鹊庙始建于战国时期，是典型的北方道教庙群，位于河北省邢台市。

房屋大体上有三个组成部分：台基、屋身、屋顶。

屋顶是区别建筑等级的依据，常见的有庑殿（五脊殿）、歇山（九脊殿）、卷棚（回顶）、悬山、硬山、攒尖、十字脊等。

庑殿顶
代表：太庙

歇山顶
代表：圣母殿、扁鹊殿

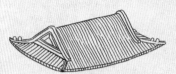

卷棚顶
代表：梅兰芳故居

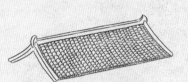

悬山顶
代表：霍州署大堂

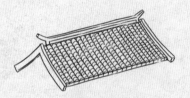

硬山顶
代表：陈家祠

攒尖顶
代表：天坛

十字脊顶
代表：故宫角楼

祠堂的功能

古时候几乎每个家族都有本家族的祠堂，主要用于祭祀祖先，此外，还可以办理婚娶、葬礼、寿辰等。家族里有重要的事情需要商议，也可以在祠堂里进行，表示请祖先共同见证。

斗拱

斗拱是中国古建筑中最有名的构件之一。组成构件的方木块叫作"斗"，托着斗的木条叫作"拱"。一层层零件的组合，不仅能分散房顶的重量，而且可以分解地震时的震动。

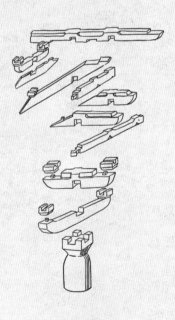

斗拱示意图

慎终追远

中华民族是一个非常敬重祖先的民族，因此，从古至今，葬礼和祭祀在家庭生活中有着非常重要的意义。《论语》中说"慎终追远"，意思就是要慎重地对待葬礼，虔诚地祭祀祖先。上至天子，下到百姓，都要如此。建立祠堂和宗庙，就是"慎终追远"的体现。

赵氏孤儿

春秋时，晋国上卿赵盾被大将军屠岸贾诬陷，全家人都被杀掉，只有一个孩子赵武活了下来。为了保全赵家唯一的血脉，赵家的门客程婴用自己的孩子代替赵武，交给了屠岸贾，赵武活了下来，程婴的孩子却被杀了。为了感谢程婴，他的牌位就被赵氏后人供奉在盂县藏山祠的祠堂里。

文庙和武庙

文庙是为了纪念孔子而建的，后期一些儒学大家死后也可以进入文庙享受供奉。武庙全名武成王庙，起初祭祀姜太公和历代良将，明清时变为以祭祀关羽为主，后又发展为关公、岳飞合祭。

历史上只有两个人能同时进入文庙和武庙——三国名相诸葛亮和西晋名将杜预。

看到屋檐上蹲着的奇怪的动物了吗，它们是什么？

是脊兽。古代的屋顶大多有1条正脊、4条垂脊，每条脊两端都有1个兽，共6个，统称"五脊六兽"。

六兽是脊两端的6个鸱吻，也有个说法是鸱吻是其中一种，加上狻猊、斗牛、獬豸、凤、押鱼等，一共6种。故宫太和殿的蹲兽有10个之多，最外侧还有一位骑凤仙人。

骑凤仙人　龙　凤　狮子　海马　天马　押鱼　狻猊　獬豸　斗牛　行什

太庙享殿的屋顶叫作重檐庑殿顶，是明清皇家建筑屋顶的最高级形式。重檐，就是双重屋檐；庑殿顶是五条脊、四面坡的样式。

间： 房屋的最小单位。4根柱子围起来的空间可以算作一间。

面阔： 宫殿宽度称为面阔，一般用"间"来表示。太庙享殿面阔11间，比我国著名的三大殿（岱庙天贶殿、紫禁城太和殿、孔庙大成殿）都要大，是我国现存古建筑中面阔最大的。只要数一下建筑正面有几间，就可以确定它的面阔。

历史故事

太庙

太庙是（明清两代）皇家祭祀场所，供奉的一般是皇帝的先辈。平庸的皇亲还不行，必须是近亲或有功于江山社稷的皇帝。有大功于社稷的臣子，经皇帝允许也可在死后享受太庙的供奉，这是一种至高的礼遇。

太庙曾经比紫禁城还要神秘，平时只有看门的宫人出入。1950年，太庙改为北京市劳动人民文化宫，终于对外开放，成了群众文化活动场所，还演出过歌剧呢。

太庙——皇帝也得毕恭毕敬

太庙是皇帝祭奠祖先的地方。在朝代更迭、江山易主的时候，前朝的太庙往往被焚毁，明清太庙能够保留至今，十分珍贵。爷爷的本上记载，太庙经历过几次雷击，现在还能保存完好，简直是个奇迹。太庙享殿是重檐庑殿顶，比紫禁城的太和殿还要高上几分。

太庙享殿高29.04米，柱高13.32米，是全国最高的宫殿建筑。

望柱

寻杖

台基：台基是建筑的底座，建筑下面用砖石砌成的突出的平台。太庙是须弥台基，由佛像下的基座演变而来。

祭祀：祭祀当天，皇帝穿上礼服，与官员三叩九拜，表达对先祖的敬意。

武侯祠和柳子庙——荔子杯？可以吃吗

这一次要去成都武侯祠，这是纪念诸葛亮的祠堂，小依非常兴奋，诸葛亮可是她最敬佩的人了。

滴水

武侯祠大门上悬着一块横匾。

南阳武侯祠也是非常有名的诸葛亮纪念地，是诸葛亮出山前躬耕读书的地方。

我最喜欢的三国人物是曹操，哪里有与曹操有关的建筑呢？

离开武侯祠，爷爷下一站去了柳子庙。柳子庙坐落在永州市零陵区，始建于北宋仁宗至和三年（1056 年），是永州人民为纪念唐宋八大家之一的柳宗元而修建的。这里是祭祀先贤的地方，庙内的荔子碑有"三绝碑"之称。

封火墙特指高于山墙之间屋面的墙垣，也就是山墙的墙顶部分。封火墙有马头墙、马鞍墙、镬耳墙等类型。柳子庙的山墙属于镬耳墙。

飞檐翘角，它的檐口要比正身屋面檐口高并伸出一段距离，这就是翼角的"起翘"。起翘的做法叫"发戗"。

戏台匾上的"山水绿"三个字出自柳宗元的《渔翁》："烟销日出不见人，欸乃一声山水绿。"

我最喜欢的三国人物就是诸葛亮了。

诸葛亮与武侯祠

　　武侯祠是中国唯一的君臣合祀祠庙。在老百姓心中，诸葛亮的名气比刘备要大，所以这里被称为"武侯祠"。

　　诸葛亮，字孔明，号卧龙，他最出名的功绩是辅佐刘备建立了蜀国，与吴国和魏国三足鼎立，并称"三国"。诸葛亮不仅政治、军事、外交能力杰出，而且在文学和书法领域也很有建树，他的《出师表》是中小学必背古文之一。此外，他还是一位发明家。诸葛亮是中国传统文化里忠臣与智者的代表。

刘备与诸葛亮

　　武侯祠大门的第三副对联是郭沫若题写的："两表酬三顾，一对足千秋。"这里面有两个典故。"三顾""一对"是说，刘备三顾茅庐，诸葛亮与他谈论天下大事，留下"隆中对"的佳话。"两表"则是诸葛亮为刘备征讨天下，写下了《出师表》《后出师表》。

柳宗元与柳子庙

　　柳宗元与苏轼、苏辙、苏洵、欧阳修、韩愈、王安石、曾巩并称"唐宋八大家"。柳子庙内"文名万古""都是文章"等牌匾处处体现了他的文学造诣与影响。柳宗元的《捕蛇者说》《小石潭记》《黔之驴》等文章和《江雪》等古诗被收入了语文课本。

出师表（节选）
诸葛亮

　　先帝创业未半而中道崩殂，今天下三分，益州疲弊，此诚危急存亡之秋也。然侍卫之臣不懈于内，忠志之士忘身于外者，盖追先帝之殊遇，欲报之于陛下也。诚宜开张圣听，以光先帝遗德，恢弘志士之气，不宜妄自菲薄，引喻失义，以塞忠谏之路也。

　　宫中府中，俱为一体，陟罚臧否，不宜异同。若有作奸犯科及为忠善者，宜付有司论其刑赏，以昭陛下平明之理，不宜偏私，使内外异法也。

　　……

　　今当远离，临表涕零，不知所言。

柳宗元

历史故事

武侯祠堂碑

蜀丞相诸葛武侯祠堂碑又称唐碑，碑文为裴度所作，柳公绰书写，鲁建镌刻。这三人都是各自领域内的佼佼者，因此唐碑的文章、书法、镌刻均精湛绝伦，被称为"三绝碑"。

荔子碑

荔子碑由韩愈撰文，苏轼书写，歌颂柳宗元的功绩，因为碑文首句"荔子丹兮蕉黄"而得名。荔子碑因集韩愈、苏轼、柳宗元三人的文、字、德于一碑，也被推崇为"三绝碑"。

蜀丞相诸葛武侯祠堂碑碑拓

荔子碑碑拓

藻井

古代建筑内穹隆状的天花板称作"藻井"。宗祠内多有戏台，戏台顶上通常造有藻井，柳子庙的戏台也不例外。在没有音响的时代，藻井仿佛是一个扬声器，将戏中人的声音聚集起来，传到柳子庙的每个角落。

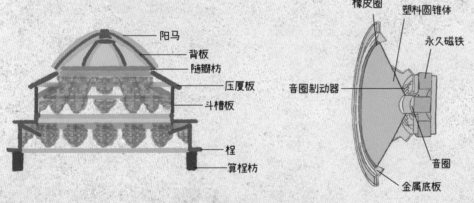

藻井结构图和现代扬声器结构图

节节的笔记

虽然都是三绝碑，但是各有各的妙处。除了祭祀祖先、圣贤，还有祭祀神灵的地方，下一次，我就去晋祠看看吧。

三重院落

柳子庙依山傍水，三重院落利用山势逐级升高。人们为了表达对正殿的尊崇，将它建在最高的位置，视野开阔，错落有致。当年的修筑者可真是聪明。

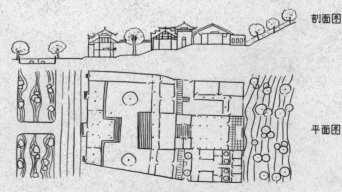

三重院落示意图

额：一些大殿的门上会悬挂牌匾，横的是匾，竖的是额。圣母殿檐间悬挂着写有"圣母殿"三字的额。

鱼沼飞梁可以说是世界上最古老的立交桥了。

桥下面是斗拱结构呢！

我看到啦！

鱼沼飞梁：人们将凌空架设的桥称为飞梁。鱼沼飞梁可以说是世界上最古老的立交桥，同类型的建筑只留下这么一例。十字形的桥梁建在鱼沼上方，水中有 34 根石柱呈十字形排列，石柱之间还使用了简单的斗拱，承托桥面。

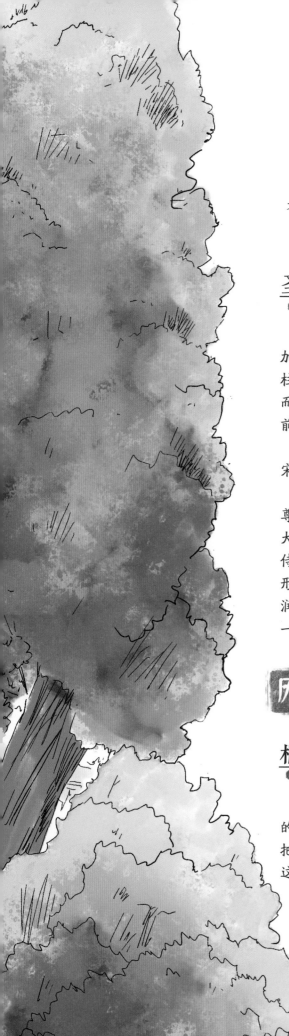

晋祠——修建在水上的祠堂

"哇！"兄妹俩齐齐惊叹，"不仅山美、树美、水美，还有最古老的立交桥呢。"

圣母殿——减柱法

❋ ❋ ❋

圣母殿平面接近正方形，为了使殿内更加宽敞，匠人使用了特殊的建筑方法——减柱法。他们将原本应该放置柱子的空间留出，而改用梁上的短柱支撑屋顶，留出了宽阔的前廊。

圣母殿前廊有8根蟠龙柱，这些柱子是宋代的作品，也是我国现存最早的木蟠龙柱。

圣母殿中除了端坐的圣母塑像，还有42尊栩栩如生的侍从塑像。这些塑像与真人的大小、比例相似，容颜服饰依据当时的宫廷侍从而塑，或梳妆、洒扫，或奏乐、歌舞，形态各异。人物形体丰满俊俏，面貌清秀圆润，眼神专注，衣纹流畅，匠心之巧，绝非一般，是宋代写实彩塑中难得的佳品。

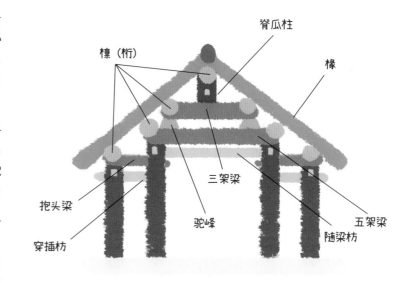

木建筑侧面简图

历史故事

桐叶封弟

❋ ❋ ❋

晋祠是为纪念晋国开国君主唐叔虞而建的。西周时，周成王曾和弟弟姬虞开玩笑，把梧桐叶切成玉圭的形状交给姬虞："我把这个圭给你，封你为唐国诸侯。"这原本是个玩笑，但是有人劝告周成王，天子一言九鼎，不能言而无信。后来，周成王便真的将唐国分封给了姬虞，姬虞也因此被称为唐叔虞。

晋祠与"唐"

❋ ❋ ❋

唐国是唐叔虞的封地，在今山西翼城西。唐叔虞兴修水利，唐国人民安居乐业。后来唐叔虞的儿子继位，因为境内有晋水，就改唐国为晋国。唐高祖李渊在隋朝时承袭唐国公爵位，后来建立了唐朝。

陈家祠——南方装饰博物馆

陈家祠也被称作陈氏书院，是陈氏宗族祭祀、活动和子弟读书学习之处。在清光绪十四年（1888年）的时候，广东72县的陈氏族人共同捐资兴建了这座合族祠。

独角狮，位于首进、中进的屋脊上，是辟邪保平安的瑞兽。

鳌鱼，寓意独占鳌头。

看，上面有好多脊兽！

墙上的这组砖雕描绘的是刘庆伏狼驹的故事。

连他们的眼睛和眉毛我都能看得清清楚楚。

砖雕《刘庆伏狼驹》

刘庆是宋朝的一员大将，在西夏人面前降伏了一匹烈马，避免了一场战争的发生。这幅砖雕上刻画有40多位生动传神的人物！

三路三进

中国古代建筑的平面布局中前后对齐排列的一组建筑称为"**路**"，每一"路"中的主要建筑及其庭院按照前后顺序称为"**进**"。

陈氏书院为**三路三进**，有东、中、西三路，首、中、后三进。在东、西两路的外侧设带有廊道的厢房，称为"庑"；四个角落里的厢房称为"斋"。

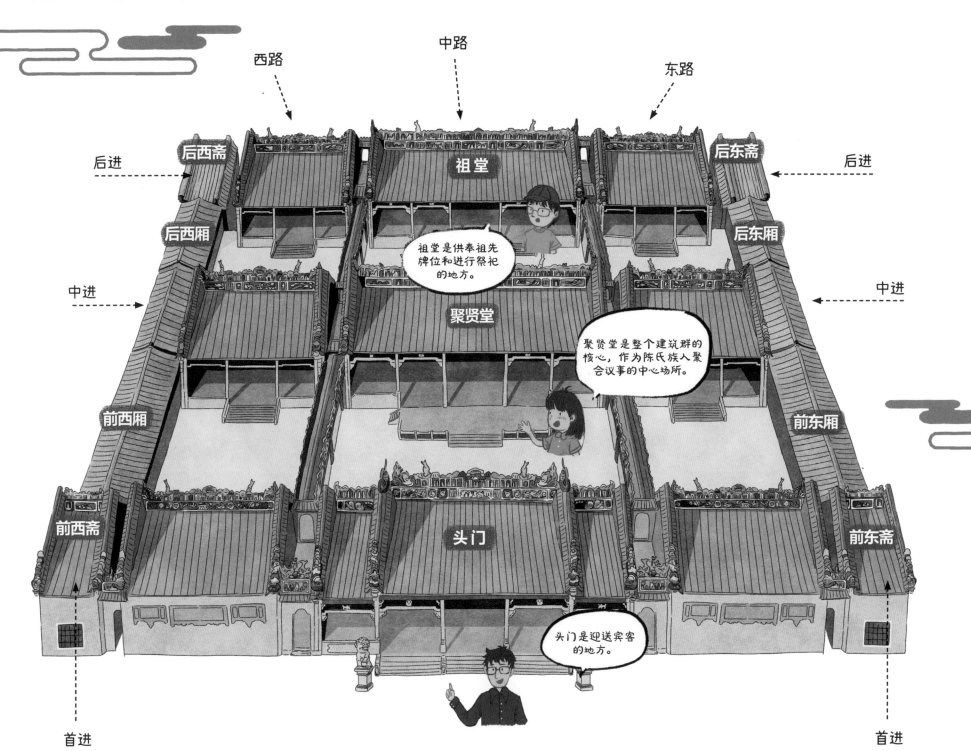

陈家祠"七绝"

　　陈家祠是广东现存祠庙中最完整、最雄伟精美的。它不仅是南方少见的多重院落大型祠堂、古代祠堂与书院合一的典型建筑，而且以其繁复绝美的装饰闻名于世。这些装饰被人们誉为"七绝"：**砖雕、木雕、石雕、灰塑、陶塑、铜铁铸、彩绘**。这些装饰不仅美观，而且体现了岭南文化的特点。

1. 砖雕： 陈家祠的砖雕主要装饰在檐墙、廊门、山墙墀头之上，也有些作为花窗的装饰，其中以正面外墙上的东西各3幅大型砖雕最为精彩。

砖雕《梁山聚义图》

　　《水浒传》是中国四大名著之一，描写了北宋末年因为奸臣当道，各个阶层的人们在水泊梁山聚义的故事。其中"梁山聚义"是整个故事最精彩的片段之一。来到梁山的众多好汉在聚义堂歃血为盟、约为兄弟，按照天罡地煞的顺序排为一百零八将。

砖雕《梁山聚义图》

2. 木雕： 木雕是陈家祠数量最多、规模最大、做工最为精细的一种装饰，大部分用坤甸木为原料，纹理清晰，木质坚硬。

长廊木雕《三顾茅庐》

　　诸葛亮年轻时隐居在南阳（一说是襄阳隆中），刘备为了请他出山辅佐自己，三次前往诸葛亮隐居的茅庐拜访。第一次拜访时，诸葛亮外出云游，刘备并没有见到他。几天以后，天降大雪，刘备又带着关羽和张飞前去拜访。这次他们也只见到了诸葛亮的弟弟。无奈之下，刘备留下书信，说明了自己的心事，希望能得到诸葛亮的帮助，平定天下。冬去春来，刘备第三次来到茅庐，诸葛亮正在睡觉。关羽和张飞正要叫醒诸葛亮，刘备却制止了他们。他安排关羽和张飞在门外等候，自己则在台阶下静静地站着等候。过了很久，诸葛亮醒了过来，刘备这才上前表明自己的身份，请教平定天下的方法。诸葛亮被刘备打动，帮助他建立了蜀汉政权。

木雕《三顾茅庐》

3. 石雕： 石雕在陈家祠中应用得非常广泛，从聚贤堂前的月台装饰中可见一斑。这里的石雕和铁铸工艺结合在一起，石柱中镶着铁铸构件，精美灵秀，别具匠心。

4. 灰塑与陶塑： 陈家祠用大量灰塑和陶塑装饰屋脊、门廊、山墙等部位。第 34 页图中小依所指之处是门头上的彩塑。祠堂中央的聚贤堂正脊上也有光彩夺目的彩塑，有亭台楼阁、风土人物等陶塑脊饰，约 27 米长，2.9 米高，加上下面的灰塑基座，一共高 4.26 米，规模和精巧程度都是岭南建筑中的翘楚。

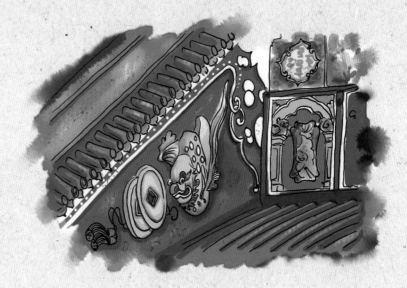

灰塑《福在眼前》

5. 铜铁铸： 大门上有一对精美的铜铺首，是"七绝"中的"铸"。陈家祠修建时正是西风东渐的时期，这里的铜铁铸带有明显的西方庭院建筑装饰艺术特征。

铜铺首

6. 彩绘： 陈家祠的彩绘是整个建筑中的点睛之笔。大门上勾画着红脸的秦琼、黑脸的尉迟恭，东西厢房装饰着蓝色的刻花玻璃。

大门彩绘

钟鼓楼——晨钟响了，起床啦

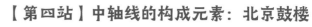

南通钟鼓楼

没想到，爷爷把东西南北的钟鼓楼走了个遍，连远在河西走廊的酒泉鼓楼都跑去看了。嗯，陇海铁路后来一直修到了新疆，正好路过酒泉。

【第五站】中西组合：南通钟鼓楼

南通受西方影响较早，因此留下不少西洋风格的建筑。西式的钟楼和中式的谯楼（鼓楼）和谐地共处一地，两座中西风格各异的建筑紧密相连，这样的组合在全国都很罕见。

酒泉鼓楼

【第一站】河西走廊建筑风格的鼓楼：酒泉鼓楼

酒泉鼓楼使用当地"花板代栱"的檐下做法和"吊花引龙"的翼角做法，是河西走廊建筑的典型特征。

北京鼓楼

【第四站】中轴线的构成元素：北京鼓楼

北京鼓楼位于北京中轴线上，和钟楼一起，作为元、明、清代都城的报时中心。钟楼位于鼓楼正北，二楼呈南北排列，前后纵置。鼓楼是古都北京的标志性建筑之一，也是见证中国几百年来历史的重要建筑。

宁波鼓楼

【第二站】古今一体，中西合璧：宁波鼓楼

宁波鼓楼本是谯楼，唐时子城的南城门。鼓楼现存楼阁为清咸丰五年（1855年）重建，将城楼改为三层木结构建筑。20世纪30年代，鼓楼顶层建造了一座西式钟楼。

临汾鼓楼成了环岛了。

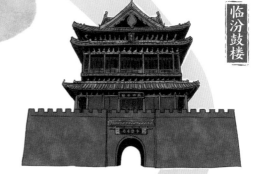

临汾鼓楼

【第三站】居中四达：临汾鼓楼

临汾鼓楼位于临汾城中心，始建于北魏，存有金明昌七年（1196年）铸造的2500余千克大铁钟一座。临汾鼓楼古时就位于贯通南北的主干道上；如今，城市的交通要道以它为中心向东南西北延伸，连通整个城市。

凤阳鼓楼

【第六站】九五开间：凤阳鼓楼

在城市钟鼓楼的建制史上，凤阳鼓楼规模最大，形制最高。台基上的楼宇为"九五开间"，即"阔九间，深五间"。明清两代只有皇家重要建筑使用"九五开间"，凤阳鼓楼采用如此高的规制，在中国鼓楼史上绝无仅有。

【第七站】十大名楼之一：西安鼓楼

西安鼓楼是国内现存同类建筑中年代最久、保存最完好的，与东侧的钟楼遥相呼应。鼓楼为梁架式木结构楼阁建筑，正面为九间，侧面为七间，即古代建筑中俗称的"七间九"。西安鼓楼上下两层，重檐三层，屋顶形式为歇山顶。

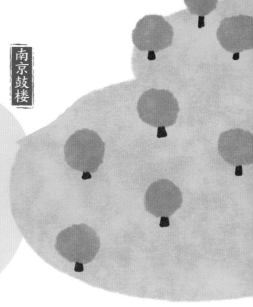

【第八站】明鼓清碑：南京鼓楼

南京鼓楼旧时是报时中心、明朝京师的象征。后因遭战火而被毁，清康熙时在基座上竖碑建楼并更名"碑楼"，城台与城楼体量形成显著差异，有"明鼓清碑"之称。

【第九站】明清楼阁代表：大同鼓楼

大同鼓楼是大同市中轴线的一部分，明清楼阁式建筑的典型代表。楼上所悬匾额中"鼓楼"二字均是从米芾作品中集取的。

【第十站】卷棚顶角坊：银川鼓楼

银川鼓楼总高 36 米，由台基、楼阁、角坊组成。台基呈正方形，用砖石砌筑。台基四面辟有宽 5 米的券顶门洞，中通十字，与四方街道相通。四角的卷棚顶角坊别具特色。

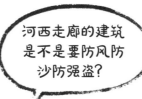

你们知道"晨钟暮鼓"是从哪里来的吗？

河西走廊的建筑是不是要防风防沙防强盗？

节节的笔记

击鼓几何？
我得算一算：
18, 18, 6;
36, 36, 36;

7, 18, 7,
3, 3。

古代如何报时

古代会修建鼓楼，楼上放巨鼓，击鼓报告时辰或者报警。古人将一夜划分为五更，每更是一个时辰，即现在的两个小时。当时的朝臣三更起床，四更在午门外集合，五更就鱼贯入朝。

紧十八、慢十八

古代击鼓先快击 18 响，再慢击 18 响，俗称"紧十八、慢十八"，快慢相间共击 6 次，总共 108 响，这是因为古人以 108 响代表一年。撞钟也是这样。爷爷笔记里的"18，18，6"原来是这个意思，另外两串数字呢？

鼓楼上一般有 25 面鼓，包括 1 面主鼓、24 面群鼓，这是根据二十四节气设置的。

夜间时段	五更	五鼓	五夜	现代时间
黄昏	一更	一鼓	甲夜	19:00—20:59
人定	二更	二鼓	乙夜	21:00—22:59
夜半	三更	三鼓	丙夜	23:00—次日 00:59
鸡鸣	四更	四鼓	丁夜	1:00—2:59
平旦	五更	五鼓	戊夜	3:00—4:59

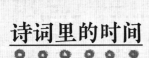

诗词里的时间

低声问：向谁行宿？城上已三更。　　三更：23:00—次日 00:59

姑苏城外寒山寺，夜半钟声到客船。　　夜半：23:00—次日 00:59

月上柳梢头，人约黄昏后。　　黄昏：19:00—20:59

奄奄黄昏后，寂寂人定初。　　人定：21:00—22:59

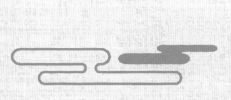

历史故事

暮鼓晨钟

　　齐武帝虽然是一国之君，却常常不能按时吃到早饭。因为皇宫太大了，报时的鼓声御厨常常听不到。为了能准时吃到早饭，齐武帝下令在高楼上挂起一个大钟，听到报时的鼓声时便敲响大钟，这样整个皇宫就能准确地知道时间了。这就是"暮鼓晨钟"制度的由来。

语文故事

关于鼓楼（谯楼）的古诗

谯楼

宋·陆游

聊向林间卜两鸠。

追凉明日无奇策，

冬冬漏鼓下谯楼。

熠熠露萤黏径草，

银汉纵横已报秋。

火云突兀方蒸暑，

衡门日落锁梧楸。

散发江天懒出游，

中庭纳凉（其二）

宋·赵崇嶓

佩马禁寒望晓星。

金街应有朝天客，

道人睡稳几曾听。

霜满谯楼报五更，

凤阳鼓楼——全国最大的鼓楼原来长这样

到底是规模最大的鼓楼，兄妹俩一来到凤阳鼓楼就兴奋地跑上跑下。小慢还在耐心地根据爷爷的笔记仔细观察，小依已经哼起了凤阳花鼓歌。

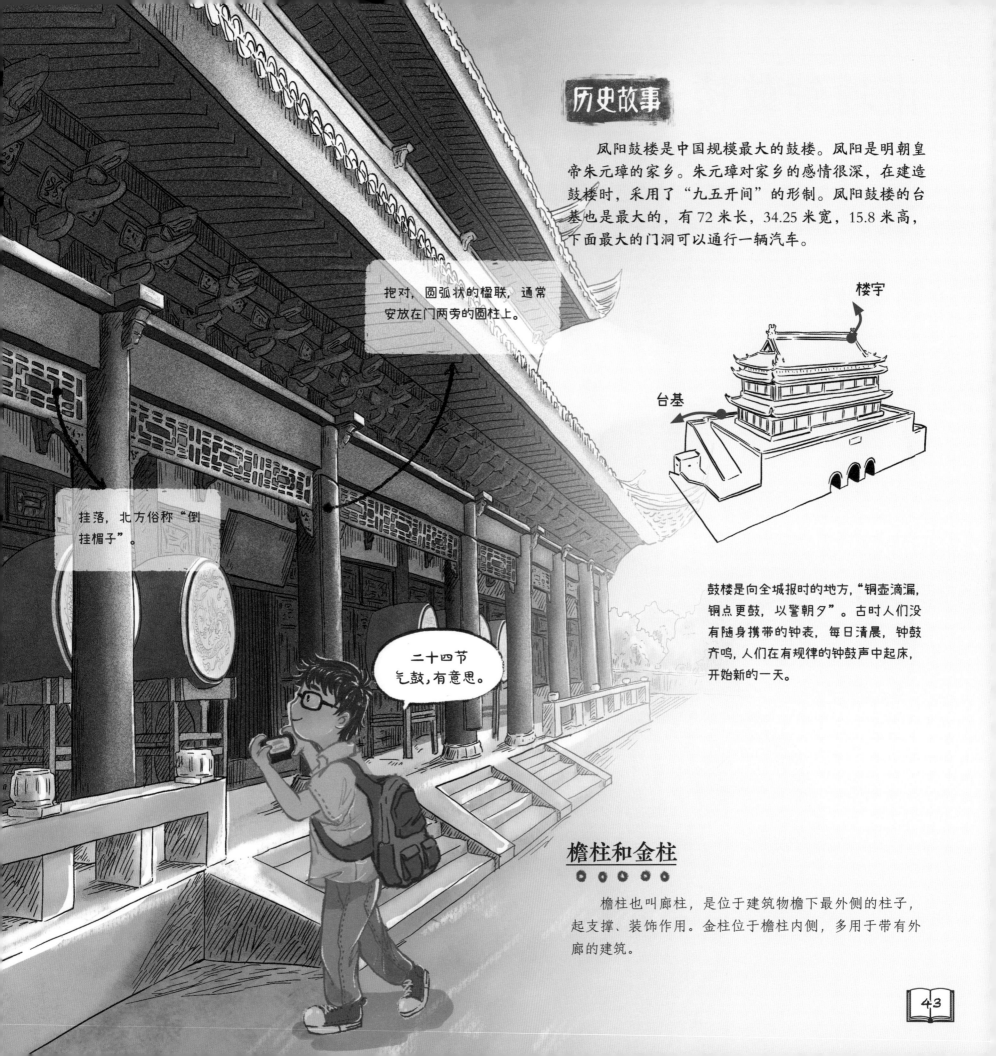

历史故事

凤阳鼓楼是中国规模最大的鼓楼。凤阳是明朝皇帝朱元璋的家乡。朱元璋对家乡的感情很深，在建造鼓楼时，采用了"九五开间"的形制。凤阳鼓楼的台基也是最大的，有72米长，34.25米宽，15.8米高，下面最大的门洞可以通行一辆汽车。

楼宇

台基

抱对，圆弧状的楹联，通常安放在门两旁的圆柱上。

挂落，北方俗称"倒挂楣子"。

二十四节气鼓，有意思。

鼓楼是向全城报时的地方，"铜壶滴漏，铜点更鼓，以警朝夕"。古时人们没有随身携带的钟表，每日清晨，钟鼓齐鸣，人们在有规律的钟鼓声中起床，开始新的一天。

檐柱和金柱

檐柱也叫廊柱，是位于建筑物檐下最外侧的柱子，起支撑、装饰作用。金柱位于檐柱内侧，多用于带有外廊的建筑。

南通钟鼓楼——古代的鼓，现代的钟

"哇！这个楼才是'钟鼓楼'呢！"兄妹俩站在南通钟鼓楼外感叹，"还是个西洋钟。"看着钟楼上悬挂的张謇写的一对楹联，正在学书法的小慢一时技痒，挥毫泼墨，把对联抄录了下来。

国内有名的鼓楼按高矮排是这样的：

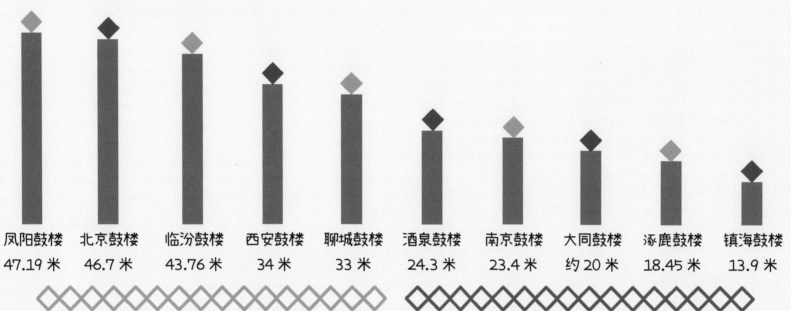

凤阳鼓楼	北京鼓楼	临汾鼓楼	西安鼓楼	聊城鼓楼	酒泉鼓楼	南京鼓楼	大同鼓楼	涿鹿鼓楼	镇海鼓楼
47.19 米	46.7 米	43.76 米	34 米	33 米	24.3 米	23.4 米	约 20 米	18.45 米	13.9 米

我给你接一个下联："东便门西便门东西便门便东西。"

我看过有一副对联的上联是"南通州北通州南北通州通南北"，谁能对出下联？

我手上这副对联当时的横幅是"南通县"，现在该是"南通州"啦。

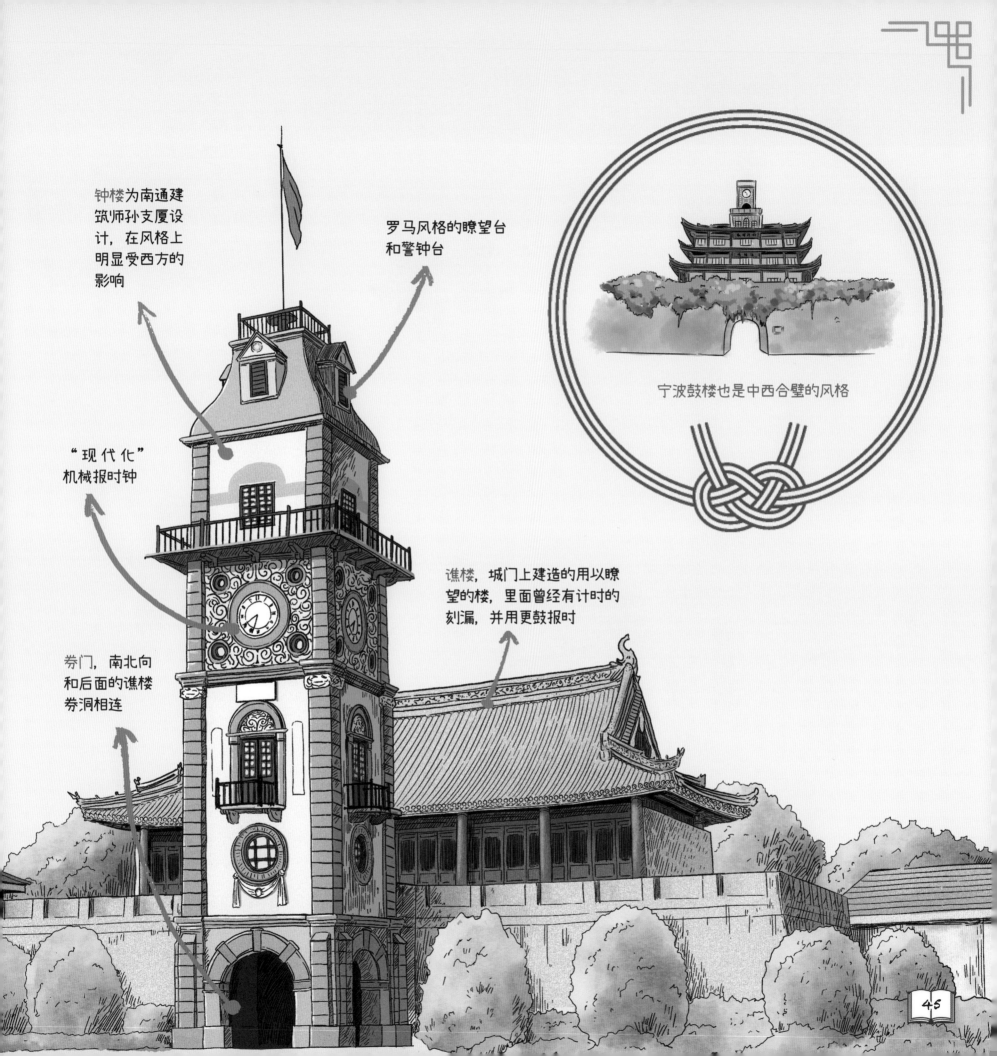

钟楼为南通建筑师孙支厦设计，在风格上明显受西方的影响

罗马风格的瞭望台和警钟台

"现代化"机械报时钟

券门，南北向和后面的谯楼券洞相连

谯楼，城门上建造的用以瞭望的楼，里面曾经有计时的刻漏，并用更鼓报时

宁波鼓楼也是中西合璧的风格

楼阁——站得高看得远

【第一站】中国的象征：北京天安门

天安门原本叫承天门，清顺治八年（1651年）重修，改称"天安门"。它曾是一座军事防御性楼阁，是皇城的正门。

【第二站】长城东部起点：秦皇岛澄海楼

秦皇岛澄海楼在万里长城的东部起点——山海关南的入海处老龙头上，是山海关军事防御体系的重要组成部分。

【第三站】最精巧的屋檐：宣化清远楼

宣化清远楼原本是报时的钟楼，楼内还保存着明朝的古钟。它的楼檐像鸟的翅膀一样高高翘起，整座楼似乎要展翅飞起来。

崇丽阁上也有一个孤独的上联："望江楼，望江流，望江楼上望江流，江楼千古，江流千古。"

【第四站】现存唯一的唐代钟楼：泉州开元寺钟楼

泉州开元寺钟楼保持了唐代建筑的特点，结构简练疏朗，斗拱尤为明显。

【第五站】最古老私家藏书楼：宁波天一阁

宁波天一阁是中国现存最早的私家藏书楼，建造时特意隔离了住宅，避免火灾的发生。连它的名字都源自《易经》里的"天一生水"，有辟火的意思。

这不就是课本上的"妞妞赶牛""六十六头牛"吗？我也想一个绕口令对联……

【第七站】充满诗意的楼阁：成都崇丽阁

成都崇丽阁是为纪念唐代女诗人薛涛而建的。楼阁共4层，每层的瓦脊和撑弓上都装饰着精美的鸟兽泥塑和人物雕像。

北京畅音阁

【第八站】紫禁城现存最大戏楼：北京畅音阁

北京畅音阁集合了古戏台的所有优点，共有3层戏台，从上到下分别是福台、禄台和寿台。戏台之间有天井贯通，可根据剧情需要升降演员、道具等。

岳阳岳阳楼

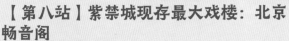

【第六站】最大的盔顶建筑：岳阳岳阳楼

岳阳岳阳楼是江南三大名楼之一，整座楼是纯木结构，没有一根钉子。楼内4根楠木从一楼直抵三楼，支撑起整座楼的构架。

运城春秋楼

【第十站】柱子悬空的祭祀楼阁：运城春秋楼

运城春秋楼是山西运城关帝庙的重要建筑。春秋楼顶层回廊的柱子直接从房檐上垂下，中间与栏杆连在一起，下方凌空，看着像飘在空中一样。

曲阜奎文阁

【第九站】孔庙中的"图书馆"：曲阜奎文阁

曲阜奎文阁在孔庙建筑中年代最久远，始建于宋代，金代时重修。奎文阁是保存完整的明代藏书楼，外面看起来是2层，其实楼内有夹层，所以实际上是3层楼。

我看爷爷的本上记了一个：印月井，印月影，印月井中印月影，月井万年，月影万年。

课文里的楼阁亭台

黄鹤楼

昔人已乘黄鹤去，

此地空余黄鹤楼。

黄鹤一去不复返，

白云千载空悠悠。

晴川历历汉阳树，

芳草萋萋鹦鹉洲。

日暮乡关何处是？

烟波江上使人愁。

唐·崔颢

钱塘湖春行

孤山寺北贾亭西，

水面初平云脚低。

几处早莺争暖树，

谁家新燕啄春泥。

乱花渐欲迷人眼，

浅草才能没马蹄。

最爱湖东行不足，

绿杨阴里白沙堤。

唐·白居易

登岳阳楼

昔闻洞庭水，今上岳阳楼。

吴楚东南坼，乾坤日夜浮。

亲朋无一字，老病有孤舟。

戎马关山北，凭轩涕泗流。

唐·杜甫

登幽州台歌

前不见古人，后不见来者。

念天地之悠悠，独怆然而涕下！

唐·陈子昂

宣州谢朓楼饯别校书叔云

弃我去者，昨日之日不可留；

乱我心者，今日之日多烦忧。

长风万里送秋雁，对此可以酣高楼。

蓬莱文章建安骨，中间小谢又清发。

俱怀逸兴壮思飞，欲上青天览明月。

抽刀断水水更流，举杯消愁愁更愁。

人生在世不称意，明朝散发弄扁舟。

唐·李白

永遇乐·京口北固亭怀古

千古江山，英雄无觅，孙仲谋处。

舞榭歌台，风流总被，雨打风吹去。

斜阳草树，寻常巷陌，人道寄奴曾

住。想当年，金戈铁马，气吞万里

如虎。

元嘉草草，封狼居胥，赢得仓皇北

顾。四十三年，望中犹记，烽火扬

州路。可堪回首，佛狸祠下，一片

神鸦社鼓。凭谁问：廉颇老矣，尚

能饭否？

宋·辛弃疾

南乡子·登京口北固亭有怀

何处望神州？

满眼风光北固楼。

千古兴亡多少事？

悠悠。

不尽长江滚滚流。

年少万兜鍪，

坐断东南战未休。

天下英雄谁敌手？

曹刘。

生子当如孙仲谋。

宋·辛弃疾

相见欢

无言独上西楼，月如钩。

寂寞梧桐深院锁清秋。

剪不断，理还乱，是离愁，

别是一般滋味在心头。

南唐·李煜

天安门城楼、正阳门城楼与城角箭楼
—— 一座楼就是一道防线

来过天安门许多次，可是很少从建筑学的角度打量它。拿着爷爷的笔记，兄妹俩还真是长了不少见识。天安门原本是明、清两代皇城的正门，城楼的主体建筑分为上下两部分。上面是重檐歇山式、黄琉璃瓦顶的巍峨城楼，下面是朱红色的城台。城楼前环绕着金水河，增强了城楼的防御功能。

重檐歇山顶

正脊

垂脊

戗脊

中华人民共和国万岁　世界人民大团结万岁

天安门的屋顶与太庙的屋顶有什么不同？

太庙的屋顶是重檐庑殿顶。

太庙的屋顶大。

重檐七檩歇山顶

4层共144个箭窗，也称射孔

北京原本设有宫城、皇城、内城、外城4重城。正阳门是明清北京城内城南垣的正门，因位于皇城正前方，又被称为"前门"。正阳门防御建筑群包括正阳门城楼、正阳门瓮城及箭楼。明代初期为了加强城垣的防卫，在内城四角的城台上分别建立了一座箭楼，称为"城角箭楼"，简称角楼，既可以瞭望，又有箭窗可以射击。角楼突出于城墙之外，能够射击迫近城墙下部的敌人。建在当时内城东南角上的角楼是唯一保存下来的明代角楼，也是中国现存最大的城垣角楼。

城角箭楼现位于明城墙遗址公园内

城楼

正阳门箭楼是九门箭楼中最高大的，也是内城唯一有城门的箭楼，只有皇帝的车马可以通行。

1915 年，罗思凯格尔被委托改建正阳门箭楼，增加了护栏和箭窗的遮檐，在月墙断面处添加了西洋风格的装饰。中国的传统建筑受到了外来文化的影响。

箭楼上下 4 层，东、南、西 3 面墙，共有 94 个箭窗。

瓮城

快来看啊，"前门桥"又能看到啦！

你是说那些白色部分吧，那是 1915 年重修时由德国建筑师设计的。

你们看大前门怎么"不中不西"的？

岳阳楼——盔顶式纯木楼

听说能在5分钟内流畅地背出《岳阳楼记》，就可以免票参观岳阳楼，所以小慢特意去背了《岳阳楼记》。登上楼，小慢立刻明白了什么是"衔远山，吞长江"。

范仲淹是北宋著名政治家和文学家。他少时家中贫困，致力于学，做官后也非常关心百姓的生活，注重发展农桑，但由于当时政治斗争复杂，他的仕途并不得意。范仲淹对国计民生的关怀都反映在他的诗词文章中，尤其是《岳阳楼记》中的"先天下之忧而忧，后天下之乐而乐"，被传诵千古。

这可不是哥哥说的，这是范仲淹写的《岳阳楼记》里的话。范仲淹也是受到了孟子的启发。

哥哥说得好好啊。

先天下之忧而忧，后天下之乐而乐。

岳阳楼记（节选）
宋·范仲淹

予观夫巴陵胜状，在洞庭一湖。衔远山，吞长江，浩浩汤汤，横无际涯，朝晖夕阴，气象万千，此则岳阳楼之大观也，前人之述备矣。然则北通巫峡，南极潇湘，迁客骚人，多会于此，览物之情，得无异乎？

……

嗟夫！予尝求古仁人之心，或异二者之为，何哉？不以物喜，不以己悲，居庙堂之高则忧其民，处江湖之远则忧其君。是进亦忧，退亦忧。然则何时而乐耶？其必曰"先天下之忧而忧，后天下之乐而乐"乎！噫！微斯人，吾谁与归？

气蒸云梦泽，波撼岳阳城。——孟浩然《望洞庭湖赠张丞相》

楼观岳阳尽，川迥洞庭开。——李白《与夏十二登岳阳楼》

吴楚东南坼，乾坤日夜浮。——杜甫《登岳阳楼》

盔顶式

岳阳楼的楼顶为盔顶式，这种结构中间圆、周边翘，像古代将军的头盔。岳阳楼是中国现存规模最大的盔顶结构的古建筑。

盔顶式

古代将军的头盔

柱子

岳阳楼里除了4根主要的承重柱外，其余的柱子也都是4的倍数，其中廊柱有12根，檐柱有32根。

白蚁

白蚁是古代楼阁的天敌，它们以木纤维为食，繁殖能力超强。白蚁喜欢雨水多、湿度大、树木密的地方，就连金丝楠木，即使外面看起来完好，里面也可能被蛀空了，使得整个梁柱结构完全不能再承受压力。岳阳楼在整修的过程中，也遇到了很严重的白蚁蛀蚀问题。

观音阁——中国现存最古老的木楼阁

观音阁处处是巧思，怪不得爷爷在笔记中赞个不停。把房子中间全都空出来，放上一尊三四层楼高的观音像，商场里中庭的设计是从这里学来的吧？

语文故事　入阁与阁下

明代废除了丞相的官职，设置内阁，大学士进入内阁处理重要的国家大事，就被称为"入阁"。

阁下：古代对高级官员的尊称，因为高级官员的官署被称作"阁"。后来渐渐变成了对人的尊称，现在外交场合也经常用到。

观音阁是独乐寺中的重要建筑，是辽代建筑的典型代表。

山门与观音阁在高低、尺寸与距离上相互协调，进入山门后，恰好可以在明间两柱之间看到巨大的观音阁。

观音阁是中空的，这样设计是为了安放高达 16 米的泥塑 11 面观音像，整个观音阁巧妙地将巨像容纳其中。这座观音像是国内现存最高的泥塑观音像。

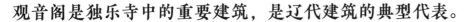

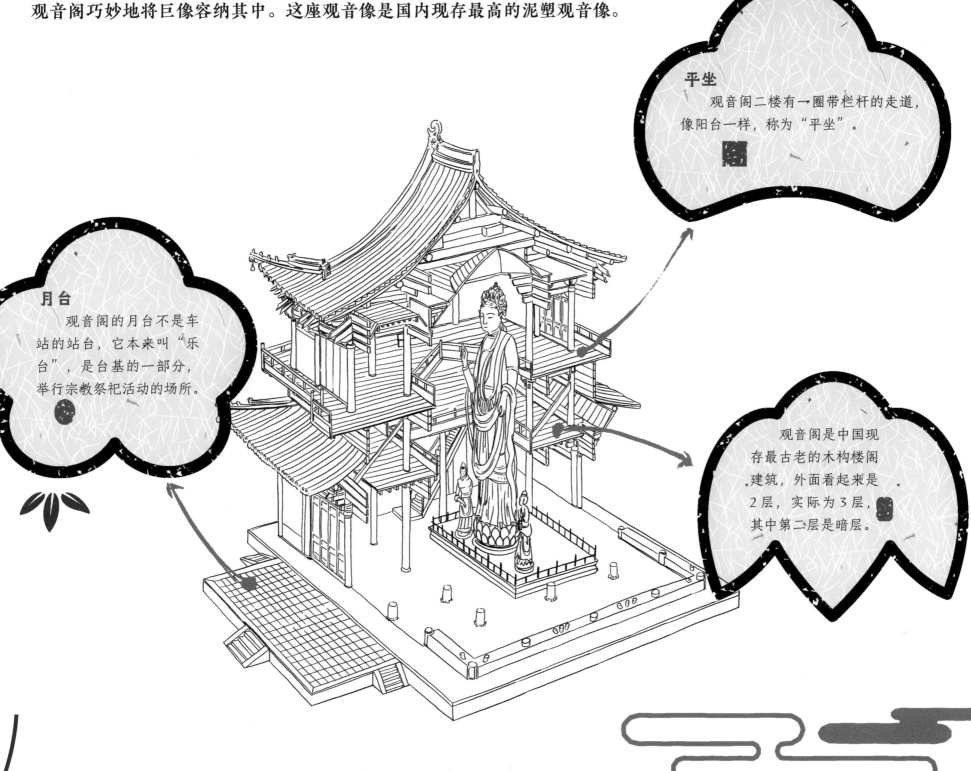

平坐

观音阁二楼有一圈带栏杆的走道，像阳台一样，称为"平坐"。

月台

观音阁的月台不是车站的站台，它本来叫"乐台"，是台基的一部分，举行宗教祭祀活动的场所。

观音阁是中国现存最古老的木构楼阁建筑，外面看起来是 2 层，实际为 3 层，其中第二层是暗层。

皇家园林——皇帝在哪里度假

【第一站】综合南北建筑艺术：避暑山庄

清康熙四十二年至乾隆五十五年（1703—1790年）建，宫殿区和苑景区内有100多处建筑，七十二景随季节而变化。英法联军占领北京后，咸丰皇帝躲在避暑山庄，不愿意回紫禁城。

【第二站】景外有景、园中有园：颐和园

清乾隆十五年（1750年）改建，光绪十四年（1888年）重建为颐和园，前面为宫殿区，后面为宫苑区。这里广泛仿建江南园林和山水名胜，如苏州街等，是传统园林艺术的高度体现。

【第三站】皇城内最大的园林：北海

辽、金、元时建离宫，明、清时为皇家园林。北海与中海相连，园中继承了"一池三山"的传统布局，其中有一座四周有墙的团城，被称为"城中之城"。

【第四站】皇家园林中的文人园：乾隆花园

清乾隆三十七年至四十一年（1772—1776年）建，面积较小，但巧妙地组合了20余座建筑物，是紫禁城艺术价值最高的园林。

【第五站】万园之园：圆明园

始建于康熙四十八年（1709年），咸丰十年（1860年）遭英法联军焚毁。园内景观依据水体走向分布，曾有独成格局的景群40处，建筑物145处，为"三山五园"之冠。

【第六站】天然山林园林：香山

金大定二十六年（1186年）建香山寺，清康熙年间建香山宫，乾隆十年（1745年）扩建，在山坳地带建园。这是一座保持了原本山林野趣的皇家园林。

在语文课本中，有一篇文章《颐和园》，开篇便写着：

北京的颐和园是个美丽的大公园。进了颐和园的大门，绕过大殿，就来到有名的长廊。绿漆的柱子，红漆的栏杆，一眼望不到头。这条长廊有七百多米长，分成二百七十三间。每一间的横槛上都有五彩的画，画着人物、花草、风景，几千幅画没有哪两幅是相同的。

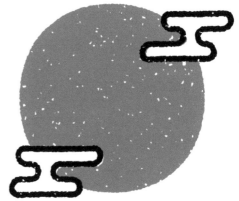

颐和园的昆明湖和十七孔桥

颐和园里的昆明湖是皇家园林中最大的湖泊，湖中的十七孔桥是颐和园中最大的桥。每年冬至前后，落日的余晖穿过十七孔桥，全部十七个桥洞被映射得光明壮丽，这种美景被称为"金光穿洞"。

颐和园整体上仿杭州西湖，谐趣园仿无锡寄畅园，苏州街一听名字就知道灵感源头了。

颐和园的彩画长廊

颐和园前山的彩画长廊可是被收入《吉尼斯世界纪录大全》的当代世界上最长的画廊呢！

囿（yòu）原本的意思是皇帝养禽兽的园林。"口"就是围，围墙的意思。

园，甭管"口"中有啥树木、花草、蔬菜、瓜果，统统都是"园"。

历史故事

火烧圆明园

文章《圆明园的毁灭》中，记载了一段令人心痛的历史。

圆明园原本是一座举世闻名的皇家园林，是圆明、绮春、长春三园的总称，不仅有金碧辉煌的殿堂，有玲珑剔透的亭台楼阁，甚至还有西洋风格的建筑群，被誉为"万园之园"。圆明园中还收藏着珍贵的历史文物，是当时世界上最大的博物馆和艺术馆。

然而在 1860 年，英法联军入侵，闯进圆明园，抢走了所有能掠夺的东西，破坏了所有不能带走的东西，为了销毁罪证还火烧圆明园！这座园林就此化为了灰烬。

拙政园——层次分明、布局精妙的江南园林

　　跟随着爷爷的笔记，三人来到了美丽的江南。位于苏州的拙政园不算很大，但胜在景多，转过一棵树便是一片新的景色。兄妹俩像寻宝一样跑来跑去。逛累了坐船休息一下，真是不能更惬意了。

荷风四面亭

小飞虹 它不仅仅是一座桥梁，桥上还建有屋顶，所以它也是一道长廊，兼有桥和廊的功用，是苏州园林中极少见的廊桥。

香洲 这座建筑像船一样，是舫式结构，由亭、台、廊、楼阁组成。

我们现在就在拙政园必看的核心景区！

我也来一张借景的照片。

荷花与池塘真是绝配。

借景

借景是中国古典园林独有的造景手法，意思是借用自然的景致丰富园林中的景致。拙政园将借景运用得炉火纯青：在拙政园东部的梧竹幽居和倚虹亭可以眺望西边的报恩寺塔，使园外的塔与园内的植物和建筑自然地融为一体，是借景的典范。

松风水阁

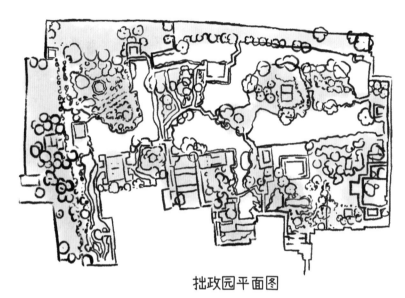

拙政园平面图

拙政园可以说是中国园林的典范了，它充分体现了中国造园艺术中注重将人工与自然融为一体的思想，与西方园林注重几何设计的理念大相径庭。

历史故事

此亦拙者之为政

拙政园为明朝时的王献臣所建。他官场失意，回到家乡后在大弘寺的原址上拓建了一座园林，取晋代潘岳《闲居赋》中的"此亦拙者之为政也"，将园林命名为拙政园。园中山水交融，疏朗别致。

拙政园曾几易其主。清朝时，大学士陈之遴得到拙政园，他重金修葺，在园中种下宝珠山茶，是当时江南仅有的几株。然而陈之遴长期在京城做官，直到他被贬黜到辽东，客死他乡，始终没有见到过园中的一草一木。

民居——你家我家不一样

听爸爸说，他小时候住的房子是 1935 年建的，那还不算是古代建筑。爷爷小时候住的房子是清代的老房子，可惜已经拆了。很多古代普通人居住的房子现在也成了古建筑了。爷爷都关注过哪些民居呢？

四合院

【第一站】严谨封闭：四合院

四合院是华北平原上常见的民居形式。院子四边布置房屋，整体呈长方形或正方形，中轴对称，有高度私密性。

我现在是"山顶洞人"啦！

窑洞

【第二站】百年无忧：窑洞

窑洞由原始社会的穴居发展而来，主要分布在黄土地区，居住上百年也不会损毁，保温性好，冬暖夏凉。

蒙古包

【第三站】逐水草而居：蒙古包

游牧民族特色民居，主要分布在内蒙古辽阔的草原上，用毛毡覆盖圆形的骨架，冬暖夏凉，容易拆卸搬迁。

小羊住哪里呢？

石库门

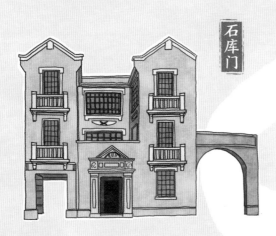

【第四站】中西结合：石库门

上海最有代表性的民居。它保留了水乡民居三合院或四合院形式，整体为欧洲联排式风格，多用西式图案装饰。

阿以旺

碉楼

【第六站】土洋结合楼式民居：碉楼

主要分布在广东开平一带，是一种防御与居住结合的堡垒式住宅。开平人结合了外国建筑和当地传统民居的特点，使用部分西洋材料建造碉楼。

【第五站】开放与封闭兼具：阿以旺

维吾尔族民居在庭院的上部架设屋顶，屋顶高于周围房屋的顶部，高出的一段立面为通透的天窗。在维吾尔语中，"阿以旺"是"明亮之处"的意思。

一颗印

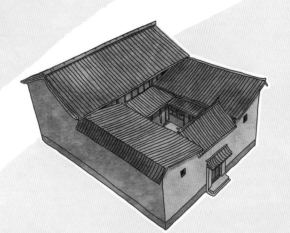

【第七站】方方正正：一颗印

集中分布在云南昆明附近，主要为彝族人住宅，受汉族影响形成，方正如印。大门居中，天井狭小，外墙非常高，没有侧门与小门，安全独立。

水乡民居

爸爸退休了就想归园田居，过"小桥流水人家"的生活。

土楼

【第八站】小桥流水：水乡民居

主要分布在江苏、浙江、安徽、湖南等南方地区，庭院较小，大部分是楼房，房间纵向扩展。有些民居靠近小桥，便利用小桥桥体作为自家房屋的一面侧墙，称为"倚桥"。

【第九站】聚族而居：土楼

集中分布在福建地区，土墙用版筑法夯筑而成。福建土楼是这类建筑的典型代表，主要有圆楼、方楼和五凤楼三种类型。其中圆楼大致可分为"通廊式"和"单元式"两种：通廊式各家相通；单元式各家有独立楼梯，不相通。

从平坦的北方到江河密布的南方，民居的样式有了很大变化。这不仅仅与当地的生活习俗有关，也是人们因地制宜智慧的体现。

北方

地理因素：地势平坦、河流少

历史因素：多战乱

气候因素：寒冷且降雨少，平房相对保暖

南方

地理因素：山地多、河流多

历史因素：战乱少，人口容易聚集

气候因素：温暖但比较潮湿，楼房湿气少

最早的四合院

陕西周原考古发现了最早的四合院遗址，已经有 3000 多年的历史了。经过不断演进，四合院成为北京地区乃至华北地区的传统住宅。

干栏式建筑

早在远古时期，南方就已经普遍修建干栏式建筑了，目前发现的最早期的干栏式建筑，在距今约 5000 年的浙江余姚河姆渡遗址中。

雀替

雀替是梁和柱之间起承托和装饰作用的木构件。

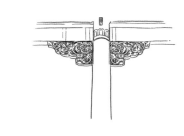

两个雀替连接在一起，形成一个大的雀替，跨连在两根柱子间，称为"骑马雀替"，多用在建筑的梢间、尽间或是廊子等处。

窑洞类型

靠崖式

独立式

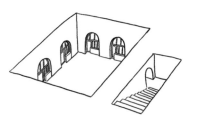
地坑式

语文故事

院是围墙里房屋四周的空地。

厢（xiāng）用"厂"做偏旁，可以看出与房屋有关。厢房就是在正房前面两侧的房屋。

诗词中的庭院

庭院深深深几许，杨柳堆烟，帘幕无重数。

——宋·欧阳修《蝶恋花》

小园几许，收尽春光。有桃花红，李花白，菜花黄。

——宋·秦观《行香子》

梨花院落溶溶月，柳絮池塘淡淡风。

——宋·晏殊《无题》

王家大院与梅兰芳故居——院子都四四方方

在柳子祠的"山水绿"戏台，刚学京剧的小侬就想着唱上几句，现在到了梅兰芳故居，刚好赶上纪念演出，悠扬的唱腔真让人陶醉。"小戏迷"小侬已经跟着哼了起来。

"为善最乐"4个篆体大字古朴典雅，劝诫子孙不能只顾一己之利，要积德行善，助人为乐。

你说对了，我看"王家大院"可以改成"王族大院"，王家好几代人，好多个小家住在这个大院里。

这院子真大，够好几家住了。

司马院在红门堡二甲西巷，是王氏十六世孙王寅德的宅院。这座院子的特点被形象地总结为"一关辖三门，三门通四院"。4座院落主题各异，分别为加官、进禄、增福、添寿。

梅兰芳故居

梅兰芳故居是一座典型的北京四合院。四合院的格局是院子四面建有房屋，将庭院合围在中间。

四合院的院落主要有3种类型："口"字形的称为一进院落，"日"字形的称为两进院落，"目"字形的称为三进院落。梅兰芳故居是两进院落。

梅兰芳故居平面图

月洞门

苏三离了洪洞县……

历史故事

梅兰芳

著名京剧艺术家梅兰芳先生原名叫作梅澜，他出身京剧世家，8岁学戏，10岁就登台演出了。梅兰芳对京剧旦角的唱腔、念白、舞蹈、音乐、服装、化妆各方面都有创造发展，形成了自己的艺术风格，被称为"梅派"。他擅长表演《贵妃醉酒》《游园惊梦》《霸王别姬》等剧目。抗日战争期间，他曾蓄须拒演，表现出了极强的民族气节。

土楼——保护整个家族的坚固堡垒

承启楼真是超大！整个大家族都在一座楼里生活，每家每户还可以连通。在这里捉迷藏，得找上三天三夜吧？

聚居与防御

永定土楼独特的环形结构，据说曾经一度迷惑了美国的侦察卫星，被当成是"东风5号"洲际导弹的地下发射井。这其实只是个故事，福建土楼和洲际导弹地下发射井的样子差得实在有点多。

"四菜一汤"

田螺坑的土楼群被称为"四菜一汤"，因为它是由一座方形的、一座椭圆形的、三座圆形的土楼组合而成的，从远处俯瞰，像是摆在桌上的四菜一汤。

各具特色的土楼

永定的土楼中，圈数最多、居住人口最多的圆楼是承启楼，直径最大的是深远楼，直径最小的是如升楼。

如升楼因形似量米用的米升，也叫米升楼。

土楼是根据实际居住需求慢慢演化成现在这样的。居住在海边的人为抵御倭寇，率先创造出圆楼；客家人随后跟进，营建出更多圆楼。圆楼全封闭围合，没有拐角，更加易守难攻；并且同等周长下，圆楼的面积大约是方楼的1.27倍，这意味着用等量的建筑材料，建圆楼可以得到更宽敞的院内空间。

聚族而居

••••

　　承启楼里有一副堂联："一本所生，亲疏无多，何须待分你我；共楼居住，出入相见，最宜注重人伦。"这真是客家人聚族而居、和睦相处的写照。

客家

•••

　　土楼是客家人的传统居所。"客家"有"客而家焉"的意思。相传西晋末年，生活在黄河流域的一些汉人因为战乱南徙渡江，在唐末和南宋末又大批过江南下到江西、福建以及广东等地。这些人被称为"客家"，以与当地原来的居民相区分，后来"客家"就成为这部分汉人的通称。

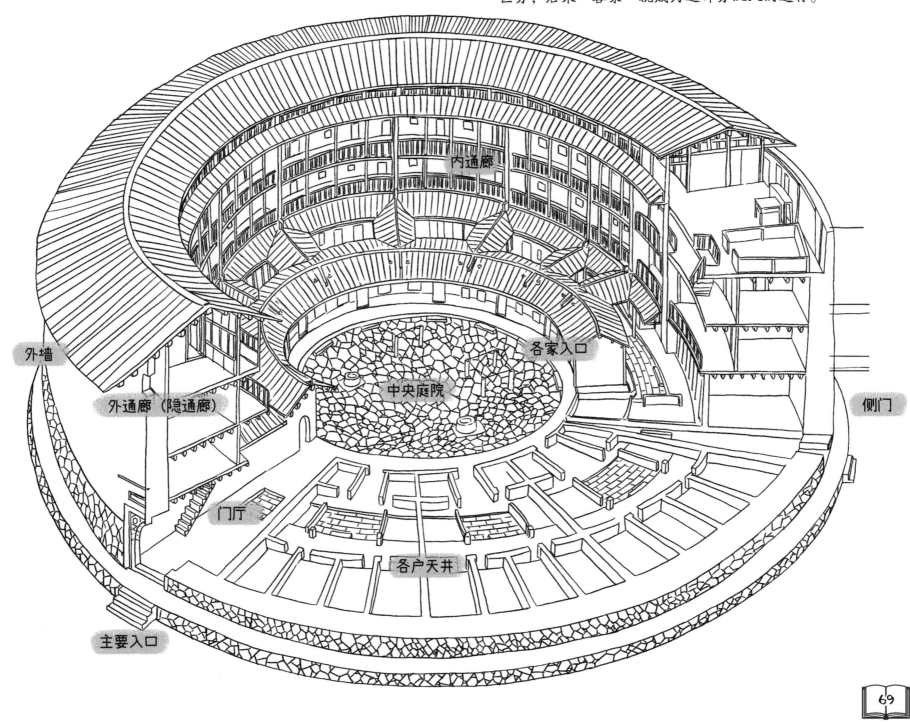

内通廊

外墙

外通廊（隐通廊）

各家入口

侧门

中央庭院

门厅

各户天井

主要入口

彩衣堂——传统孝文化的代表

彩衣堂很小巧，梁上的彩画、墙上的对联，到处都有浓厚的文学气息。坐下听爸爸讲个故事，旅途的疲劳都忘干净了。

金线苏画

彩衣堂的彩画用金线沥粉，是苏式彩画中等级第二高的彩画——金线苏画，仅次于金琢墨苏画。辨别彩画等级的重要方法是看画中用金的多少。它是我国南方地区少见的古代民间艺术，也代表着明清常熟建筑艺术所达到的高度。由于江南气候潮湿，彩衣堂中的金线苏画能保存到今天非常不容易。

金线苏画

历史故事

彩衣娱亲

彩衣堂建于明代，几易其主，后来被晚清大臣翁同龢的父亲买下，经扩建修缮，更名"彩衣堂"，取"二十四孝"中老莱子"彩衣娱亲"之意。

春秋时期，楚国隐士老莱子非常孝顺父母，想尽一切办法讨父母欢心，使他们健康长寿。相传他70岁时头发都白了，还常穿着五色彩衣，装作小孩子哄父母开心。

彩衣娱亲

语文故事

家训对联

彩衣堂的左右金柱间有一段墙，墙的内侧放佛台佛像。南方厅堂内的叫屏风墙，张挂有中堂画和对联。"绵世泽莫如为善，振家声还是读书"已经成为翁氏家训，告诉人们翁家家族依靠积德行善绵延家业，通过读书考学提高声望。

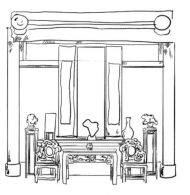

屏风墙

康百万庄园与八卦村——中式城堡和迷宫

　　爷爷去康百万庄园是工作之余"顺路瞅瞅"，而去八卦村可是特意去看看的。我们发现了，爷爷去了好多与诸葛亮有关的地方，是不是爷爷和小依一样喜爱诸葛亮呢？

　　北方和南方的村落真是很不一样，一个依托着山，一个围绕着水。不过只要有玩耍的地方，小慢和小依就都喜欢。

整个庄园依山势修建。

康百万庄园景区大门供隔断之用，并非庄园原来的入口。它的样式是牌楼式院墙券门。

这院子比爷爷的院子大多了。哥哥，我们来玩捉迷藏吧！

我肚子饿了，我先吃个大苹果吧。

康百万庄园已经有400多年历史，居住了十几代人，被称为豫商的家园典范。

"康百万"的由来

　　"康百万"是明清以来对康应魁家族的称呼，因为慈禧太后的称赞而名扬天下。八国联军侵华时，慈禧太后逃出北京城，避祸西安，返回途中经过河南，康家捐出百万资费，慈禧万分感叹，康氏一族便有了"康百万"的名号。

徽州民居是典型的"内向型"合院建筑，高墙朝外，点缀有通气的小窗，起到防盗的作用。密集的楼房之间以封火山墙分隔。

马头墙

马头墙是封火墙的一种，墙面是要高出屋面的，并随着屋面的坡度起落。因为这种墙的造型看起来像马头，所以人们把它称作"马头墙"。

封火墙

封火墙起防火作用，可以防止房子着火时殃及邻居。

八阵图

唐·杜甫

功盖三分国，名成八阵图。

江流石不转，遗恨失吞吴。

八卦村虽在浙江，但建筑属于徽派风格，能看到高低错落的白粉墙上方覆盖着黛瓦（黑色的瓦）。

钟池

其实我也喜爱诸葛亮。瞧人家这村广场，这是一幅活生生的阴阳两仪图啊！

八卦村的布局

八卦村以太极钟池为中心，表示阴阳相互作用，期盼子孙繁盛。8条小巷围绕着钟池，生出许多纵横交错的小弄堂，形成内八卦，象征万事万物在运动变化。村庄被环抱在8座小山之中，对应外八卦的8个位置，使得外界很难发现。或许是因为这种设计的作用，小村至今保存完好。

官府——威武，升堂

秦始皇统一全国后，推行郡县制，开启了中央到地方的三级行政管理制度。各地的官府成了重要的建筑。各地遗存的官府机构众多，除了地方政府外，还有一些专业管理机构，比如皇家档案库皇史宬，教育管理机构国子监，考试机构贡院，等等。

故宫

【第一站】故宫

故宫是明清两代的皇宫，是最著名的中国古代宫廷建筑，现在已经成了故宫博物院，保存了许多珍贵藏品。

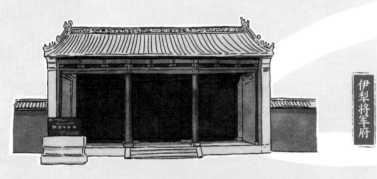

伊犁将军府

【第二站】伊犁将军府：新疆风格官府

清乾隆二十八年（1763年），第一任伊犁将军建惠远城；光绪八年（1882年），在惠远城北建造了惠远新城。伊犁将军府就位于惠远新城内。伊犁将军府在稳定西北边防、发展新疆经济方面起过重要作用。由于新疆地理位置独特，边防责任重大，伊犁将军一职颇受重视，基本由朝廷重臣担任，并由皇帝直接任命。

霍州署

这个州，那个州，不同朝代级别不一样啊。

【第三站】霍州署：完整的古代州级官府

始建于唐代，是唯一一座保存较完整的古代州级官府。霍州署位于山西霍州，包括中轴线和东西辅线三大建筑群及一些署外建筑。

南阳府衙

【第四站】南阳府衙：完整的府级官府

始建于南宋咸淳七年（1271年），是保存最完整的封建时代府级官署衙门建筑群。南阳府衙布局严谨、规模宏大、气势雄伟，坐北向南，三进院落对称有序。

淮安府署

【第五站】淮安府署：拥有最大的官府正堂

最早可以追溯至南宋，位于江苏淮安，大门前有7丈（约23米）长的照壁，东西各有牌楼一座。整个府署分东、中、西三路而建。淮安漕运发达，曾与扬州、苏州、杭州并称"淮扬苏杭四大名城"。

【第六站】江南贡院：保存完好的古代科举考场

始建于宋乾道四年（1168年），位于江苏省南京市，是中国历史上规模最大、影响最广的科举考场。清同治年间，仅号舍就有20644间，可接纳2万多名考生同时考试。

> 我以后也要到"最高学府"学习。

【第七站】南甸宣抚司署：保存完好的土司官府

建于清咸丰元年（1851年），是古时中央政权在边疆设置的政权机构，位于云南省梁河县，按汉式官府形式布置，共有14个院落、47幢建筑、149间房屋。

【第八站】北京国子监：古代最高学府

北京国子监始建于元世祖至元二十四年（1287年）。清乾隆四十八年（1783年）增建的"辟雍"是皇帝讲学的场所，方形主体建筑四周环绕圆形水池，象征天圆地方。

【第九站】叶县县衙：唯一一座明代县衙

始建于明洪武二年（1369年），是现存的唯一一座明代县衙，位于河南省叶县东大街。

> 这是保存得最好的县衙了。

【第十站】内乡县衙：第一座衙门博物馆

始建于元大德八年（1304年），是中国保存最完整的古代县级官署衙门，也是国内第一座衙门博物馆，位于河南省南阳市内乡县。整体布局分为中轴线（知县衙）、东侧副线（县丞衙）和西侧副线（主簿衙）三大部分。它是"神州大地绝无仅有的历史标本"，有"北有故宫，南有县衙""龙头在北京，龙尾在内乡"的美称。

【第十一站】密县县衙：历史悠久的县衙

始建于隋大业十二年（616年），位于河南省新密市，是中原地区典型的官署衙门建筑群。县衙内的监狱一直使用到2003年，堪称监狱使用时间之最。

照壁

照壁也叫"影壁"，大门外多用八字形影壁，门内常用一字形影壁。每一座古代官府都有照壁。影壁由"隐避"二字变化而来，在门内为"隐"，在门外为"避"。府衙的照壁不但起阻挡内外视线的作用，上面还常绘制图案，警示官员。

还有一种与大门隔街相望的影壁，起延伸建筑空间、增强气势等作用。

八字形貜吃太阳照壁

前堂后寝

古代的衙门一般前边为行政区，后边为生活区，比如大堂、二堂为行政区，三堂（即内宅正堂）为生活区。这是仿照皇宫"前朝后寝"的格局建设的。官员及其家属平时吃住都在官府。

国子监和辟雍

国子监是元、明、清三代的国家最高学府和教育行政管理机构，又称"太学""国学"。明朝永乐帝从南京迁都北京，把北平府学改为北京国子监，同时也保留了南京国子监。

辟雍是国子监的中心建筑，周天子首先设立了辟雍。它的主体建筑由水池环绕，有桥连接池内外。

国子监辟雍

语文故事

天下衙门朝南开

　　古代讲究北方为正，所以衙门都"坐北朝南"。另外，朝向南方也利于采光。

从中央到地方完整的中国古代四级官署衙门主题游学路线：

　　北京故宫—保定直隶总督府、苏州江苏巡抚衙门—保定清河道署—淮安府署、南阳府衙—内乡县衙。

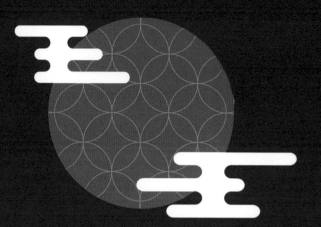

历史故事

伊犁将军是多大的官

　　伊犁将军是清朝乾隆帝平定准噶尔部和大小和卓之乱后，设立的新疆地区名义上的最高军政长官。伊犁将军最初是正一品武官，后改为从一品。伊犁将军辖境东到哈密和巴里坤，西到葱岭和楚河、塔拉斯河流域，北到巴尔喀什湖和额尔齐斯河中上游，南到昆仑山。

清代文官一品代表动物：仙鹤

清代武官一品代表动物：麒麟

霍州署镇堂之宝

在大堂屏风后面抬头看，梁上有一根2米长的茹茹木，它可是霍州署大堂的"镇堂之宝"。在这里用茹茹木，有人说是在告诫官员励精图治，也有人说是为了祈祷国泰民安。

仪门不能随意走

大门后的第二道门是仪门。仪门东西两侧各有一道便门，东边的门供人们日常出入，所以人们把它称作"人门"；西边的门是死刑犯出入的门，人们将它称为"鬼门"。仪门是礼仪之门，是官员迎送宾客的地方。仪门平常不开，只有重大庆典，与总督平级和比他级别高的人来时才会开。人们出入衙门，走的是东侧便门。

历史故事

原告石与被告石

我们在大堂前看到了两块石头——原告石与被告石。原告石上有两个圆形的凹痕，是原告长时间跪在这里留下的痕迹；被告石上没有这样的凹痕，大概是因为被告更多时间是在受刑。

原告石

被告石

戒石坊

衙门前通常都有这么一块"公生明"牌坊，告诫官员要公正，才能明察秋毫。

中轴分布

衙门的主体建筑沿中轴线分布，通常有戒石坊、大堂、二堂、三堂、四堂。

直隶总督府的级别比霍州署要高，可是兄妹俩一致认为，霍州署的大堂更加气派，尤其是大堂前那个亭子，让他们印象深刻。

语文故事

大门名字有点怪

直隶总督府的大门上有一块额，上面写着"直隶总督部院"。称为"部院"而不是"府"，那是因为清代时直隶总督一般同时担任兵部尚书和都察院右都御史，人们都敬称其为"部院大人"。

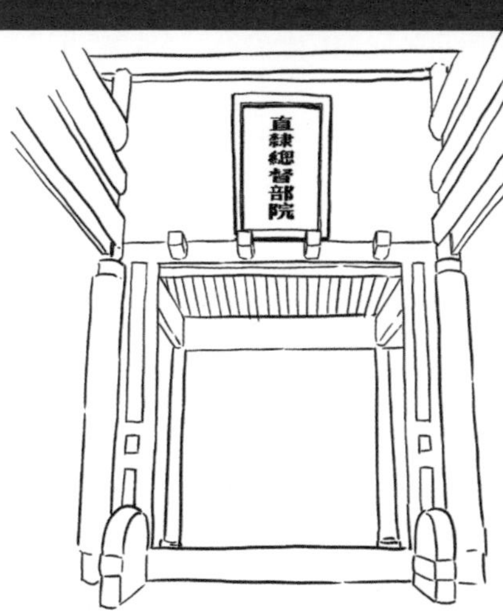

大堂

大堂是衙门的主体建筑，影视剧里看到的审讯犯人的场景大都是在这里发生的。

亭子

霍州署大堂前的这座亭子，斗拱的位置完全不在柱子上方，修建者丝毫没将斗拱的承托作用放在心上。怪不得梁思成先生说它"滑稽绝伦"。

每个时代的"州长"的名字不一样：太守、刺史、知府……

我来当个"八府巡按"吧。

原来中国也有"州长"啊。

南阳府衙与内乡县衙——吃住都在衙门里

南阳府衙虽然在市中心，但是里面非常安静。和爷爷笔记里面的记载相比，府衙的变化很小。

一家人悠悠闲闲地逛了一圈，还来得及赶去内乡县衙。

内乡县衙主要分为前院、大堂、二堂、三堂、后花园五部分，集中了县衙的所有机构和县官眷用房。县衙院内设吏、户、礼、兵、刑、工六房，为县衙职能机构。

南阳府衙二堂

爸爸你看，匾额上写着"思补堂"。

这里以前叫"退思堂"。

二堂
大堂后面的二堂是府衙长官处理一般公务的地方，看着就庄严威武。

内乡县衙三堂

三省堂

嘿，我又发现一副好对联。

衙署第一联

语文故事

衙署第一联

内乡县衙三省堂门两侧的一副楹联被视为"衙署第一联"。

上联："吃百姓之饭，穿百姓之衣，莫道百姓可欺，自己也是百姓。"

下联："得一官不荣，失一官不辱，勿说一官无用，地方全靠一官。"

历史故事

前庭悬鱼

东汉时，羊续做南阳太守，当时百姓生活很苦，但豪门贵族和官员之间却相互勾结，生活奢华。也有人给羊续送来一条大鲤鱼做礼物，羊续便将鲤鱼悬挂在屋檐下，表示自己绝不会收受贿赂。

工程建筑——一直用到现在

在爷爷的笔记中，记载着他游历长城的经历："长城、桥梁、驿站、水利工程……这些建筑都是有特定的实际的用途的，我把它们总结在了一起，就叫作'实用建筑'吧。"兄妹俩看着路线图，发现了不少眼熟的地方。

万里长城

【第一站】万里长城：最伟大的工程

秦长城故址西起临洮，北傍阴山，东至辽东，至今仍有遗迹残存，此后各代都有修筑，是古代中原抵挡周边侵扰的最重要的防御建筑。

> 我要爬上长城，我也要当好汉。

盂城驿

【第二站】盂城驿：最大古驿站

盂城驿是古代南北交通动脉大运河沿线的重要驿站，始建于明朝洪武八年（1375 年）。它位于江苏省高邮市，不仅是一座建筑遗址，而且是一座驿站博物馆。

> 鸡鸣驿的城门楼看着不高，拍成电影镜头就显得高大威猛了。

鸡鸣驿

【第三站】鸡鸣驿：邮驿功能最全

明朝时，鸡鸣驿是宣化府进京师的第一大站。鸡鸣驿不仅是一座驿站，而且是一座完整的驿城，现在城内还有古代遗留的商店和民居。《血战台儿庄》《血战长城》《大决战》等电影中都能看到鸡鸣驿。

秦驰道

【第四站】秦驰道：最早"国道"

驰道是秦朝专供帝王行驶马车的道路，从咸阳通向全国各地，连通了国内重要的城市，是中国古代大规模的道路建设工程。

【第五站】都江堰：天人合一

都江堰的修筑改变了成都水患频发的局面。李冰父子在工程中完全没有修筑堤坝，而是顺应原本的地势，引导水的流向。都江堰现在还在发挥作用，每一年都有人会修缮它。

都江堰

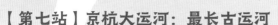

灵渠

【第六站】灵渠：首创船闸

灵渠沟通了湘江和漓江，是联系长江与珠江的著名水利工程，为秦王朝统一岭南提供了重要的保证。其中唐代修筑的斗门是最早的船闸。

> 我小时候学过《赵州桥》，现在还在课本中吗？

京杭大运河

【第七站】京杭大运河：最长古运河

京杭大运河由疏通了的天然河道连接而成，连通了国内主要水系。运河全长 1747 千米，是历代漕运要道，也是"南水北调"工程的主要通道之一，对南北经济、文化交流作用重大。

赵州桥

【第八站】赵州桥：大跨径石拱桥

我国古代跨径最大、建造最早的单孔敞肩型石拱桥，隋开皇、大业年间由李春建造。赵州桥新颖的设计与工艺是石拱桥的典范，跨度之大在当时是一种创举。

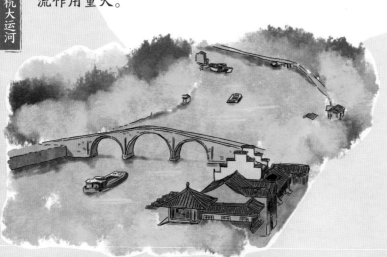

中国古代三大工程——坎儿井、万里长城与京杭大运河

坎儿井

坎儿井是新疆地区特有的水利工程，利用地势汲取地下水，用于灌溉农田和取作生活用水。

长城

长城可以说是古代中国最伟大的建筑，甚至可以说是中国的标志。从战国到明朝，每一代都在修建长城。秦长城用夯土技术修建，明长城则是砖石构造。

秦长城：西起临洮，东到辽东。
明长城：西起嘉峪关，东到鸭绿江。

运河

最早的运河：开挖于春秋时期吴国的古江南河，沟通了苏州和扬州间的水道。
沟通两大水系的运河：
邗沟——开挖于春秋时期，沟通长江与淮河水系。
灵渠——开挖于秦朝，沟通了湘江和漓江，使长江水系和珠江水系连通。
京杭大运河：在隋朝大运河的基础上，贯通了从北京到杭州的水上南北交通大动脉。

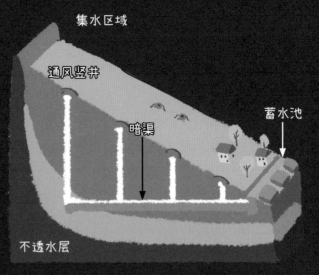

集水区域
通风竖井
暗渠
蓄水池
不透水层

坎儿井原理示意图

诗词中的大工程

石犀行
唐·杜甫
君不见秦时蜀太守，刻石立作三犀牛。
自古虽有厌胜法，天生江水向东流。
蜀人矜夸一千载，泛溢不近张仪楼。
今年灌口损户口，此事或恐为神羞。
终借堤防出众力，高拥木石当清秋。
先王作法皆正道，鬼怪何得参人谋。
嗟尔三犀不经济，缺讹只与长川逝。
但见元气常调和，自免洪涛恣凋瘵。
安得壮士提天纲，再平水土犀奔茫。

京杭大运河

　　京杭大运河在公元前5世纪就开凿了，已经有2500多年的历史。它经过2次大规模扩展，在漫长的岁月里也不断疏浚，最后才形成我们见到的样子。

　　春秋末期，统治长江下游一带的吴国国君夫差为争夺中原霸主的地位，调集民夫开挖运河，因为运河途经邗城，被称为"邗沟"，是大运河最早修建的一段。

　　隋朝时期，隋炀帝为了控制江南广大地区，分别开凿了通济渠、永济渠、江南河，并改造了邗沟，将从洛阳到杭州之间的水系全部串联了起来。

京杭大运河

李冰治水

　　著名的水利工程都江堰是在秦昭王时蜀郡郡守李冰的带领下修建的。

　　当时的四川常年遭受洪水和干旱的困扰：岷江泛滥时会淹没两岸；但逢旱年，又全年无水。当地百姓苦不堪言。李冰成为郡守后，受命治水。他和儿子一起访察水脉，因势利导，开创性地设计了无坝引水工程，将岷江水引入成都平原，既能排洪，又能灌溉。

　　修建都江堰时，他们必须凿石开山，可那时还没有火药，凿开这么一座石头山，至少需要30年。李冰想出了火烧水浇的法子，利用热胀冷缩使岩石迸裂，只用8年就凿出了一道山口"宝瓶口"。

李冰父子

最古老的高速公路——秦直道

　　秦直道宽10—30米，从当时的国都咸阳翻山越岭直达内蒙古包头，全长700多千米，是2000多年前的军用高速公路，秦国的千军万马三天三夜就能从秦都到达内蒙古。

灵渠与都江堰——因地制宜分洪流

爷爷来灵渠的时候是冬天，河中的水量小，可以看到大天平下鱼鳞一样的石头。

现在是夏天，水流湍急，在人字坝激起了一层层白浪。

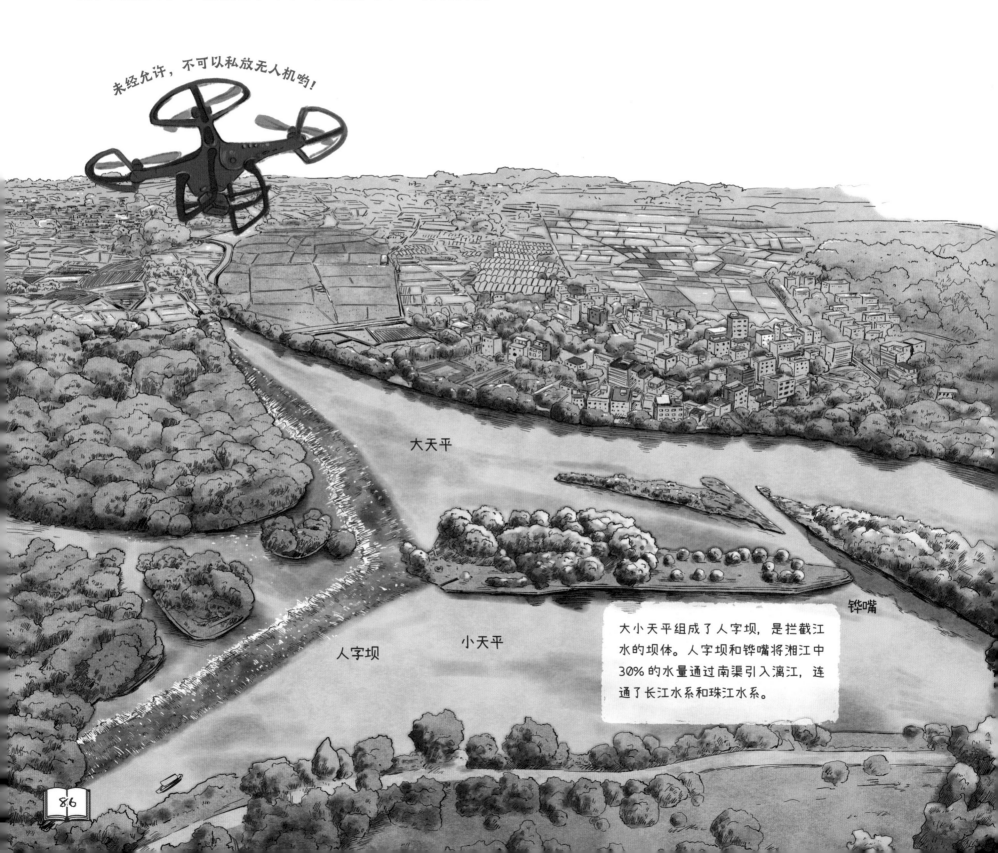

未经允许，不可以私放无人机哟！

大天平

人字坝

小天平

铧嘴

大小天平组成了人字坝，是拦截江水的坝体。人字坝和铧嘴将湘江中30%的水量通过南渠引入漓江，连通了长江水系和珠江水系。

最早的运河船闸

灵渠河道分布的各座斗门是最早的船闸，方便船只通航，用于蓄水和排水。通过开启不同的斗门，控制水量，船就能随着水势行过山岭。

都江堰是怎样发挥作用的

鱼嘴分水，宝瓶口引水，飞沙堰再一次分洪，在宝瓶口下方还有数条河流引水。这一切组合起来，合理地分配了水资源，既能防洪，也能满足岷江下游农田灌溉的需要，使成都由以前的穷山恶水成为如今的天府之国。

宝瓶口
宝瓶口是用人力凿开一座山形成的。宝瓶口与飞沙堰相互呼应，节制内江水流大小，达到防洪的作用。

鱼嘴
鱼嘴是都江堰的第一道分水屏障，把岷江分成了内江和外江。

我想知道大天平，小天平是怎样分流的。

哥哥，快来看画面。

褒斜道虽然架设在旱地上，但是实际上可算是中国桥梁史上最宏伟的巨型工程之一了。

褒斜道是中国历史上最古老的道路之一，运用了"火焚水激"开石法。

嘿！

这木板是不是也有千年历史了？

有记载说，褒斜道的桥面宽度可以顺利通行车马，可以说是当时的"高速公路"了。

驿站主要有陆驿、水驿、水陆兼并3种。陆驿配备驿马、驿驴等，水驿配备驿船。驿站在我国春秋时期就出现了。秦统一天下后，将邮驿通信的名目统称为"邮"。

苏州横塘古驿站现在仅留下了驿亭。

先拍个远景，再拍近景。

语文故事

衮雪

曹操在汉中褒谷口驻兵时，看到褒河流水湍急，在石上撞出无数水花，便挥笔题写了"衮雪"两字。他的随从提醒道："'衮'字缺水三点。"曹操大笑，指着褒河说："一河流水，岂缺水乎！"

褒斜道的结构

平梁直柱

平梁直柱加斜撑结构

平梁直柱有棚盖结构

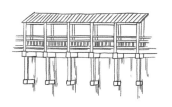

平梁无柱悬空结构

褒斜道、横塘驿站与西直门火车站
——从马车到火车

秦直道、褒斜道上奔跑的是车马，路途遥远，沿途就有驿站，跟今天高速路上的服务区一样。到了近代，开始修建铁路，也有了最早的铁路建筑。

爷爷和爸爸当年的老照片

历史故事

送荔枝的"快递员"

唐玄宗为了让杨贵妃吃到新鲜的荔枝，不惜动用国家邮驿运输系统，从南方运送荔枝到长安。从几千千米外运过来的荔枝到达长安，还能保持新鲜，可以看出当时唐朝的邮驿运输系统相当高效。

西直门火车站原本是京张铁路的一个大站——平绥铁路西直门车站，这个站名一直沿用到1949年，后来改为北京北站。现在旧站房上还保留着"西直门车站"的字迹。

是黄河。

我们还开着汽车过浮桥呢，你们还记得那条河吗？

河水好清啊。

爷爷的笔记

原来桥有这么多名堂，险些就错过了这道独特的风景。

许多造桥技术都是中国人首创的，赵州桥和广济桥尤其可贵。

桥梁——摇啊摇，摇到外婆桥

爷爷提醒我们要多看看古代的桥，那里头有很多的世界之最呢。

清乾隆皇帝御笔亲题的"卢沟晓月"是一景。

卢沟桥

【第一站】卢沟桥

卢沟桥是北京最古老的石造多孔联拱桥。全桥有 10 个桥墩，桥墩、拱券等关键部位都用银锭锁连接，互相牵拉固定。

【第二站】广济桥

广济桥俗称"湘子桥"，是浮梁结合结构，由东西两段石梁桥和中间一段浮桥组合而成。广济桥与赵州桥、洛阳桥、卢沟桥并称"中国四大古桥"。

广济桥

【第三站】赵州桥

赵州桥也叫安济桥，是中国现存最古老的大跨径石拱桥。设计者李春把石拱修成了平缓的扁弧形，降低石拱高度，不仅更加方便行人来往，还省了用料，增加了桥的稳固性。

【第四站】浮桥

先秦时期就已经出现了浮桥。上饶信江上的浮桥由木船用铁链连接而成，桥浮于水，可合可分，每天往来行人不下数千。

【第五站】廊桥

廊桥是有屋檐的桥，可以遮风挡雨，供人休息。浙江省温州市泰顺县是"中国廊桥之乡"，俗称"姐妹桥"的泗溪镇北涧桥、溪东桥，被人们称为"世界上最美丽的廊桥"。

【第六站】洛阳桥

洛阳桥可不在洛阳，它架在福建省泉州市，被称为"海内第一桥"。它是古代著名跨海梁架式石构桥，以桥墩来支撑横梁，并在梁上平铺桥面。

【第七站】珠浦桥

珠浦桥是竹索桥的杰出代表。全桥用细竹篾编成竹索24根，其中10根做底索承重，上面横铺木板当桥面；压板索2根；余下12根分列桥的两侧，作为扶栏。

世界最长的古代梁式石桥

福建晋江的安平桥建于南宋时期。桥身由大块花岗岩筑成，桥长 2255 米，共有桥墩 362 个，是世界最长的古代梁式石桥。

桥梁鼻祖矴步桥

矴（dìng）步桥是桥梁的原始形态。古代人为了徒步走过溪涧小河，用大小石块或较整齐的条石在水中筑起一个接一个石磴，形成一座堤梁式的石桥。

中国最早的开合活动石桥

广济桥是中国最早的开合活动石桥。桥体开合的作用主要在于通航、排洪。

最早的跨海梁式石桥

洛阳桥是古代著名的跨海梁式石桥，在中国桥梁史上与赵州桥齐名，有"南洛阳，北赵州"之称。

矴步桥

历史故事

世界最早的单孔敞肩型石拱桥

赵州桥建于隋开皇、大业年间，主要由著名匠师李春负责建造。它是世界上跨径最大、建造最早的单孔敞肩型石拱桥。

敞肩型造梁技术是我国的一项伟大成就，赵州桥建成几个世纪后，欧洲才出现同类拱桥。

赵州桥

卢沟桥上的狮子真的数不清吗

卢沟桥两侧的望柱上有金、元、明、清历代雕刻的石狮。石狮神态各异，许多小狮藏在其中，所以一直有人说"卢沟桥的石狮数不清"。不过，现在有人统计，一共有485只。

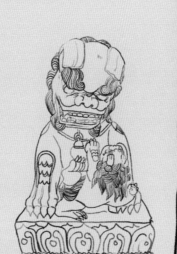

卢沟桥的石狮子

卢沟桥的狮子（节选）

北京有句歇后语："卢沟桥的狮子——数不清。"这座狮子多得数不清的桥，建于1189年。这是一座联拱石桥，总长约266米，有281根望柱，每根柱子上都雕着狮子。要不仔细数，真是数不清呢。

这些狮子真有意思。它们有大有小，大的有几十厘米高，小的只有几厘米，甚至连鼻子眼睛都看不清。它们的形状各不相同，有的蹲坐在石柱上，好像朝着远方长吼；有的低着头，好像专心听桥下的流水声；有的小狮子偎依在母狮子的怀里，好像正在熟睡；有的小狮子藏在大狮子的身后，好像在做有趣的游戏；还有的小狮子大概太淘气了，被大狮子用爪子按在地上……

关隘——登上去，我就是好汉啦

不到长城非好汉。爷爷选取了长城上的一道道关隘，当作建筑之旅的最后一段。一家人也追随着爷爷的足迹，来到了不同的关隘。

【第一站】山海关：天下第一

山海关是明长城的东北关隘之一，曾被认为是明长城东端的起点，被称为"天下第一关"。它是护卫京城的重要屏障。

【第二站】居庸关：兵家必争

居庸关是古时长城的紧要关口之一，自古便是兵家必争之地，到现在也是重要的交通要塞，两侧山色青翠，风景极美。

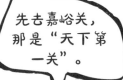

先去嘉峪关，那是"天下第一关"。

阳关

【第四站】阳关：西部门户

阳关在玉门关以南，古代将"山南水北"称为"阳"，这便是阳关得名的原因。阳关是古代丝绸之路上前往西域的必经关卡，是西部边境的门户。

嘉峪关

【第三站】嘉峪关：西域要塞

嘉峪关是明长城的终点，也是古代丝绸之路要塞，曾经被称为"河西第一隘口"。嘉峪关保存完好，让现在的我们也能见识到古代关隘的雄伟。

真让人头疼啊……

先去山海关，那才是"天下第一关"。

玉门关

【第五站】玉门关：丝路要道

汉朝时，玉门关和阳关是联系西域各地的交通门户。传说玉门关因为西域输入玉石要经过这里而得名，现在仍保留着方形的城堡，由黄土夯筑而成。

谁是"天下第一关"

长城最东端的山海关被称为"天下第一关"，西端的嘉峪关号称"天下第一雄关"。

不同时代的"关外"

秦、汉、唐等定都今陕西的王朝，称函谷关或潼关以东地区为"关外"；明、清称东北三省，即辽宁、吉林、黑龙江为"关外"，因为它们在山海关以外。

版筑

版筑是我国古代的一种筑墙技术，就是筑墙时用两块木板相夹，板外用木柱支撑住，然后在木板之间填满泥土，用杵筑（捣）紧，然后拆去木板和木柱，就成一堵墙了。

版筑在阳关、玉门关很典型，由于天气干燥，保存时间很长。

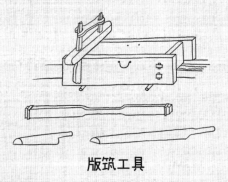
版筑工具

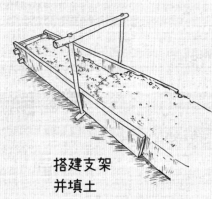
搭建支架
并填土

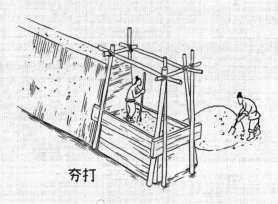
夯打

历史故事

函谷关和紫气东来

传说春秋时期，函谷关关令尹喜一大早看见东方蒸腾着紫色的烟霞，知道将会有圣人过关。不一会儿，老子骑着青牛走来，尹喜忙上前迎接，请老子住下。老子便是在这里写下了伟大的作品《道德经》。

丝绸之路

  丝绸之路是连接古代中国与西方世界的重要通道，古时中国人主要通过这条通道向西域和中亚等国出售丝绸、茶叶、漆器和其他产品，同时也引进宝石、玻璃器等产品，极大地加强了中国与外界的交流。

  张骞曾两次出使西域，在荒无人烟的戈壁沙漠中开辟出了一条由中国通往西方的丝路。第一次出使时，张骞在河西走廊被匈奴人抓住，被软禁了11年才终于逃脱，带领部下穿过戈壁到达西域。又过了2年，张骞才终于回到阔别已久的长安。停留在西域期间，张骞不仅把中原的文明传播到那里，而且详细考察了西域的情况，还将葡萄、苜蓿、石榴、亚麻等物种带回了中原。

  玄奘13岁就出家，为了解决佛学上的疑问决心到天竺学习。公元629年，玄奘沿着河西走廊一路向西，出玉门关到达天竺，游学天竺各地，公元645年才回到长安，翻译经、论1335卷。玄奘精通经藏、律藏、论藏，因此被人们尊称为"三藏法师"。

  班超投笔从戎，北击匈奴，又奉命出使西域。在31年的时间里，班超平定了西域多个国家的变乱，保障了丝绸之路的畅通。

四大边塞诗人

有些诗人擅长描绘边塞的风土人情、山川景物以及战争和军旅生活，这些诗人被人们称为"边塞诗人"。其中最有名的当数唐代的高适、王昌龄、岑参和王之涣，他们并称"四大边塞诗人"。

凉州词

黄河远上白云间，

一片孤城万仞山。

羌笛何须怨杨柳，

春风不度玉门关。

唐·王之涣

塞上闻笛

雪净胡天牧马还，

月明羌笛戍楼间。

借问梅花何处落，

风吹一夜满关山。

唐·高适

从军行

青海长云暗雪山，

孤城遥望玉门关。

黄沙百战穿金甲，

不破楼兰终不还。

唐·王昌龄

渭城曲

渭城朝雨浥轻尘，

客舍青青柳色新。

劝君更尽一杯酒，

西出阳关无故人。

唐·王维

白雪歌送武判官归京

北风卷地白草折，胡天八月即飞雪。

忽如一夜春风来，千树万树梨花开。

散入珠帘湿罗幕，狐裘不暖锦衾薄。

将军角弓不得控，都护铁衣冷难着。

瀚海阑干百丈冰，愁云惨淡万里凝。

中军置酒饮归客，胡琴琵琶与羌笛。

纷纷暮雪下辕门，风掣红旗冻不翻。

轮台东门送君去，去时雪满天山路。

山回路转不见君，雪上空留马行处。

唐·岑参

山坡羊·潼关怀古

峰峦如聚，波涛如怒，

山河表里潼关路。

望西都，意踌躇。

伤心秦汉经行处，

宫阙万间都做了土。

兴，百姓苦；

亡，百姓苦。

元·张养浩

嘉峪关与敌台——我在"天下第一雄关"

马上就是笔记的最后一页了，还真有点舍不得。不过一登上长城，两个孩子就把一切都抛在了脑后，在马道上疯跑起来。

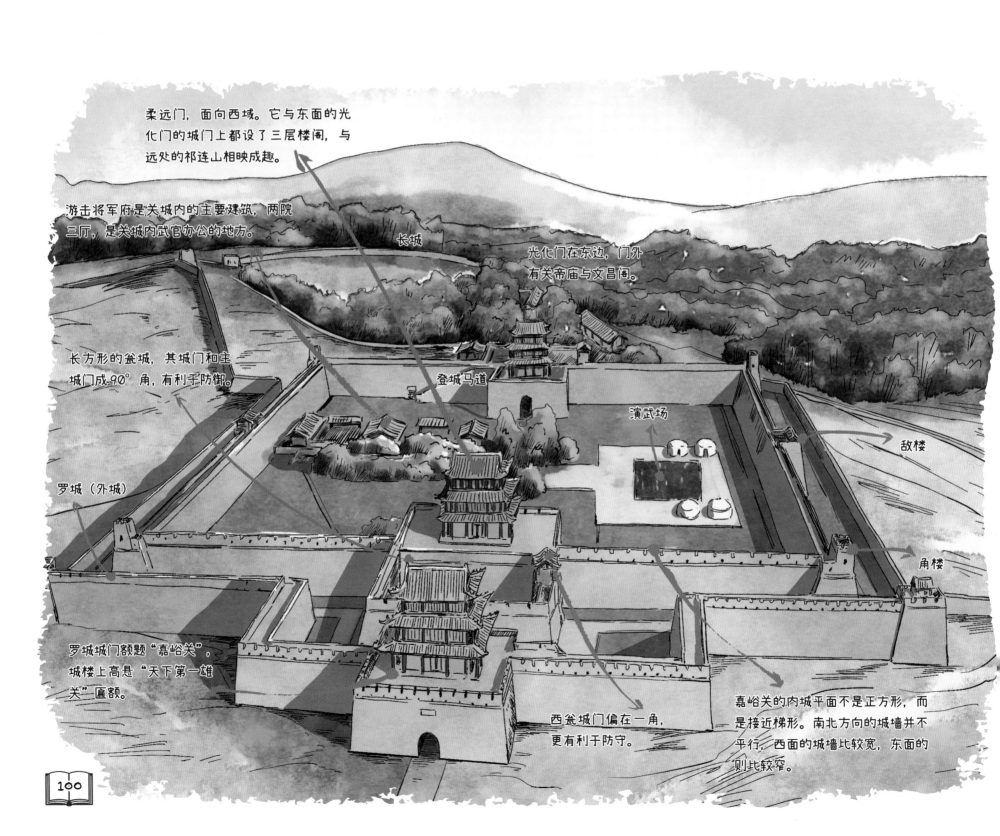

柔远门，面向西域。它与东面的光化门的城门上都设了三层楼阁，与远处的祁连山相映成趣。

游击将军府是关城内的主要建筑，两院三厅，是关城内武官办公的地方。

光化门在东边，门外有关帝庙与文昌阁。

长方形的瓮城，其城门和主城门成90°角，有利于防御。

长城

登城马道

演武场

敌楼

罗城（外城）

角楼

罗城城门额题"嘉峪关"，城楼上高悬"天下第一雄关"匾额。

西瓮城门偏在一角，更有利于防守。

嘉峪关的内城平面不是正方形，而是接近梯形。南北方向的城墙并不平行，西面的城墙比较宽，东面的则比较窄。

悬壁长城和长城第一墩

嘉峪关北有一段著名的"悬壁长城"，这段长城的城墙从山底蜿蜒而上，像悬空倒挂在山上一般。嘉峪关西长城最南端有一座墩台，矗立在80多米高的悬崖上，被称为"长城第一墩"。

历史故事

九边

明朝统治者在绵延万里的北部边防线上设立了辽东、蓟州、宣府、大同、太原、延绥、宁夏、固原、甘肃九个边防重镇，合称"九边"。

语文故事

诗词中的嘉峪关

嘉峪关不缺水

西北边境普遍缺水干旱，而嘉峪关却是一个水源较为集中的地方。嘉峪关下有泉水，称"九眼泉"，是很多泉眼的意思。几千年来，嘉峪关地区人们的生活依赖的就是这些股长流不断的清水。

还剩一块砖

传说明朝修嘉峪关时，主管官员要求工程师预算用材必须准确无误。在工匠的帮助下，工程师进行了精确的计算。结果准备的砖瓦木石全都用完了，只剩下一块城砖，称为"最后一块砖"。这块砖今天还放在西瓮城门楼的檐台上。

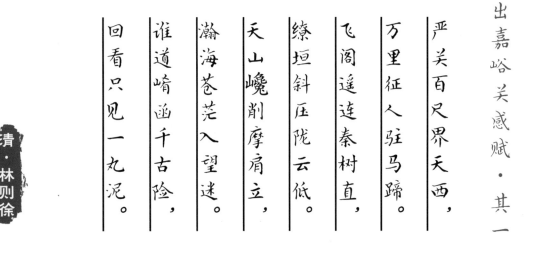

出嘉峪关感赋·其一

清·林则徐

严关百尺界天西，
万里征人驻马蹄。
飞阁遥连秦树直，
缭垣斜压陇云低。
天山巉削摩肩立，
瀚海苍茫入望迷。
谁道崤函千古险，
回看只见一丸泥。

居庸关是重要的长城关隘,古代九塞之一。居庸关的名字取自"徙居庸徒",这里地势险要,一直都是交通要塞。这里的长城上建造了许多敌台,可以观察敌情、防御侵略。

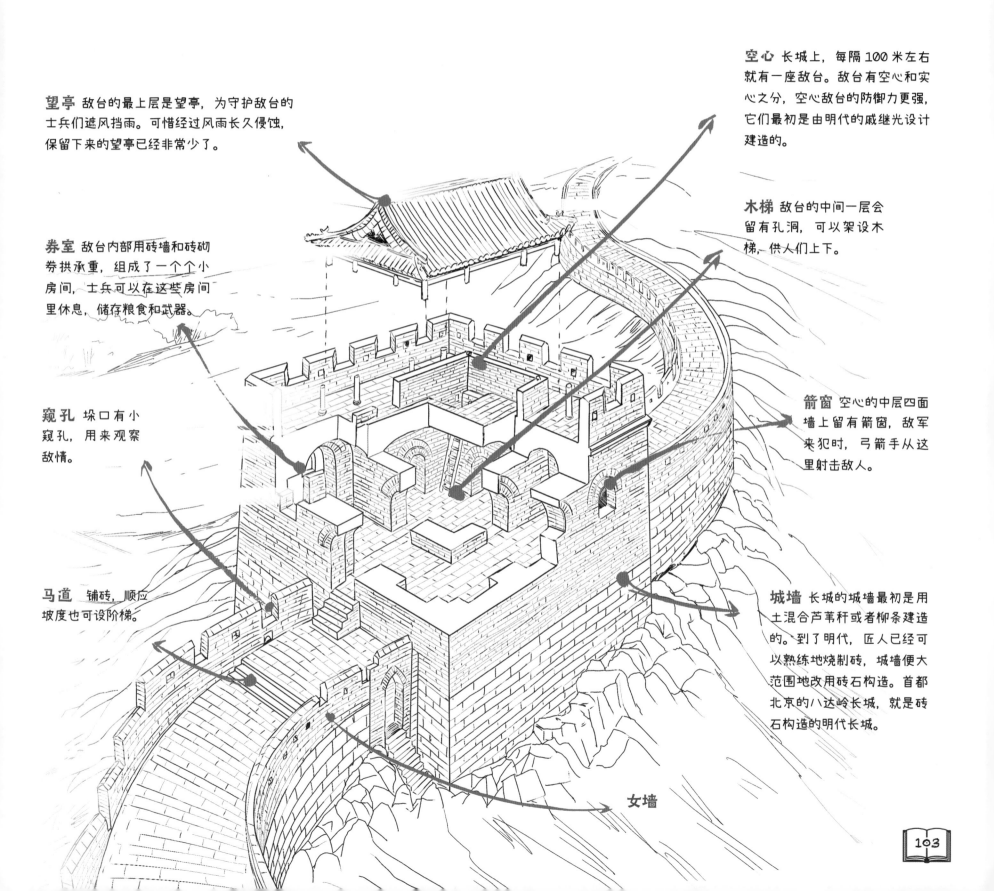

空心 长城上,每隔 100 米左右就有一座敌台。敌台有空心和实心之分,空心敌台的防御力更强,它们最初是由明代的戚继光设计建造的。

望亭 敌台的最上层是望亭,为守护敌台的士兵们遮风挡雨。可惜经过风雨长久侵蚀,保留下来的望亭已经非常少了。

木梯 敌台的中间一层会留有孔洞,可以架设木梯,供人们上下。

券室 敌台内部用砖墙和砖砌券拱承重,组成了一个个小房间,士兵可以在这些房间里休息,储存粮食和武器。

窥孔 垛口有小窥孔,用来观察敌情。

箭窗 空心的中层四面墙上留有箭窗,敌军来犯时,弓箭手从这里射击敌人。

马道 铺砖,顺应坡度也可设阶梯。

城墙 长城的城墙最初是用土混合芦苇秆或者柳条建造的。到了明代,匠人已经可以熟练地烧制砖,城墙便大范围地改用砖石构造。首都北京的八达岭长城,就是砖石构造的明代长城。

女墙

结束了长长的古建筑之旅，带着满满的收获回到老宅，大家虽然很累，但是非常开心。这一段旅行依据交通便利的程度安排，最后又按照古建筑的类型总结呈现，真是一段宝贵的经历。爸爸珍而重之地把笔记包了起来，准备把它收藏到书架上。结果，他发现了什么？哈，另一本笔记！